电力工程施工现场人员
岗位培训教材

安全员

ANQUANYUAN

孟祥泽 主 编
孟令晋 刘 磊 徐子越 高义民 副主编

中国电力出版社
CHINA ELECTRIC POWER PRESS

内容提要

本书为“电力工程施工现场人员岗位培训教材”《安全员》分册。

本书主要介绍了电力工程施工现场安全员的岗位职责和工作内容，应掌握的专业技术知识和管理知识，以及有关的法规、标准等。全书共分十一章，主要内容包括安全生产概述、生产安全事故处理、工程施工安全技术、施工现场临时用电、大型施工机械及施工机具安全防护、拆除工程和高处作业及交叉作业、施工现场防雷及防火安全管理、文明施工与季节性及特殊环境施工、特种设备安全管理、专项施工方案和专项安全技术措施、特种作业和特种设备作业。

本书可供电力施工现场安全管理人员及技术人员阅读，相关高校师生也可参考。

图书在版编目（CIP）数据

安全员 / 孟祥泽主编 .—北京：中国电力出版社，2022.10
电力工程施工现场人员岗位培训教材
ISBN 978-7-5198-6858-1

Ⅰ.①安… Ⅱ.①孟… Ⅲ.①电力安全－岗位培训－教材 Ⅳ.① TM7

中国版本图书馆 CIP 数据核字（2022）第 105390 号

出版发行：中国电力出版社
地　　址：北京市东城区北京站西街 19 号（邮政编码 100005）
网　　址：http：//www.cepp.sgcc.com.cn
责任编辑：韩世韬　孙建英（010-63412369）　贾丹丹
责任校对：黄　蓓　于　维
装帧设计：赵姗姗
责任印制：吴　迪

印　　刷：三河市万龙印装有限公司
版　　次：2022 年 10 月第一版
印　　次：2022 年 10 月北京第一次印刷
开　　本：710 毫米 ×980 毫米　16 开本
印　　张：15.25
字　　数：269 千字
印　　数：0001—1000 册
定　　价：60.00 元

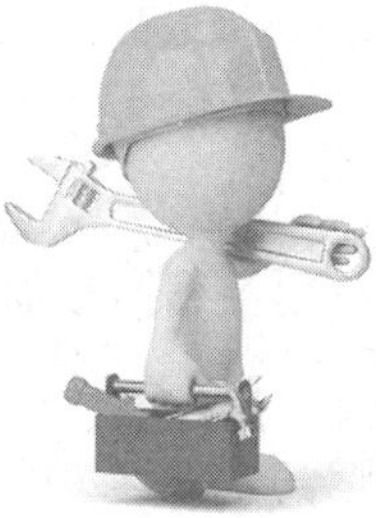

前　言

当前，电力建设事业发展迅速，科学技术日新月异，新标准、新法规相继颁布。活跃在施工现场一线的技术管理人员，其业务水平和管理水平的高低，已经成为决定电力建设工程能否有序、高效、高质量完成的关键。为满足施工现场技术管理人员对业务知识的需求，我们在深入调查研究的基础上，组织相关工程技术人员编写了这套“电力工程施工现场人员岗位培训教材”，共有《技术员》《质量员》《计量员》《材料员》《造价员》《资料员》《机械员》《安全员》八个分册。

这套丛书理论联系实际，突出实践性和前瞻性，注重反映当前电力工程施工的新技术、新工艺、新材料、新设备、新流程和管理方法，也是编者多年现场工作经验的总结。

这套丛书主要介绍各类技术管理人员的岗位职责和工作内容，应掌握的专业技术知识和管理知识，以及有关的法规、标准等，是一套拿来就能学、能用的岗位培训用书。

本书为《安全员》分册，全面系统地介绍了作为施工现场的安全员所需掌握的知识要点、管理规定、相关法规等，主要内容包括安全生产概述、生产安全事故处理、工程施工安全技术、施工现场临时用电、大型施工机械及施工机具安全防护、拆除工程和高处作业及交叉作业、施工现场防雷及防火安全管理、文明施工与季节性及特殊环境施工、特种设备安全管理、专项施工方案和专项安全技术措施、特种作业和特种设备作业。

本书由孟祥泽担任主编，孟令晋、刘磊、徐子越、高义民担任副主编，参加编写的还有郭颜宾、高健、郝子龙、董彬、鲍晓玲、李忠东、李海、房伟杰、张鹏、房秀铃等。

本书在编写过程中，得到了中国电建集团山东电力建设第一工程有限公司、华电莱州发电有限公司、山东省烟台信息工程学校、国网山东省电力公司滨州供电公司、山东省特种设备协会、山东省滨州市人民医院等单位的大力支持，在此表示衷心的感谢。

本书虽经反复推敲，仍难免有疏漏和不当之处，恳请广大读者提出宝贵意见。

编　者

2022 年 8 月

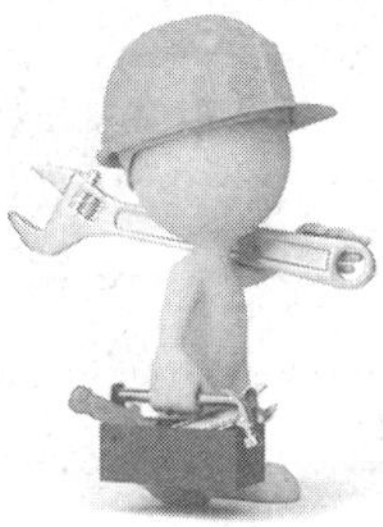

目 录

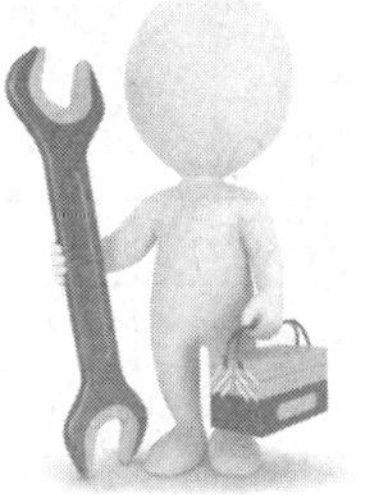

第一章　安全生产概述

第一节　安全生产法规和标准

一、安全生产法律法规

安全生产法律法规有以下几种表现形式：

（1）相关法律。全国人大及常委会审议通过；国家主席签署主席令发布；面向全国。

（2）行政法规。国务院常务会议审议通过；国务院总理签署国务院令；面向全国。

（3）部门规章。各部、委、局审议通过；部门首长签署令发布；面向全国。

（4）地方法规。省、自治区、直辖市或较大市人大及常委会审议通过并发布；面向本行政区。

（5）地方规章。省、自治区、直辖市或较大市人大及常委会审议通过；省长、主席或市长发布；面向本行政区。

电力工程中常用的安全生产法律法规有《中华人民共和国安全生产法》《中华人民共和国特种设备安全法》《建设工程安全生产管理条例》《生产安全事故报告和调查处理条例》（国家安全生产监督管理总局令〔2015〕第77号）等。

二、安全生产标准规范

常用建筑安装工程安全生产标准规范见表1–1。

表1–1　　常用建筑安装工程安全生产标准规范一览表

序号	标准编号	标准名称
1	GB 2811—2019	头部防护安全帽
2	GB/T 2812—2006	安全帽测试方法

续表

序号	标准编号	标准名称
3	GB 6095—2021	坠落防护安全带
4	GB 5725—2009	安全网
5	GB 2893—2008	安全色
6	GB 2894—2008	安全标志及其使用导则
7	GB 50497—2019	建筑基坑工程监测技术标准
8	GB 50720—2011	建设工程施工现场消防安全技术规范
9	GB/T 3609.1—2008	职业眼面部防护 焊接防护 第 1 部分：焊接防护具
10	GB 13749—2003	柴油打桩机 安全操作规程
11	GB 50656—2011	施工企业安全生产管理规范
12	GB 15831—2006	钢管脚手架扣件
13	GB 19155—2017	高处作业吊篮
14	GB 50194—2014	建设工程施工现场供用电安全规范
15	GB/T 3805—2008	特低电压（ELV）限值
16	GB/T 8196—2018	机械安全 防护装置 固定式和活动式防护装置设计与制造一般要求
17	GB/T 3787—2017	手持式电动工具的管理、使用、检查和维修安全技术规程
18	GB 26557—2011	吊笼有垂直导向的人货两用施工升降机
19	GB/T 10055—2007	施工升降机安全规程
20	GB 5144—2006	塔式起重机安全规程
21	GB 6067.1—2010	起重机械安全规程 第 1 部分：总则
22	GB/T 5972—2016	起重机 钢丝绳 保养、维护、检验和报废
23	GB 10054.1—2021	货用施工升降机 第 1 部分：运载装置可进人的升降机
24	GB 10054.2—2014	货用施工升降机 第 2 部分：运载装置不可进人的倾斜式升降机
25	DL 5009.1—2014	电力建设安全工作规程 第 1 部分：火力发电
26	DL 5009.2—2013	电力建设安全工作规程 第 2 部分：电力线路
27	DL 5009.3—2013	电力建设安全工作规程 第 3 部分：变电站
28	DL/T 612—2017	电力行业锅炉压力容器安全监督规程
29	JGJ 80—2016	建筑施工高处作业安全技术规范
30	JGJ 184—2009	建筑施工作业劳动防护用品配备及使用标准
31	JGJ 120—2012	建筑基坑支护技术规程
32	JGJ 180—2009	建筑施工土石方工程安全技术规范
33	JGJ 146—2013	建设工程施工现场环境与卫生标准

续表

序号	标准编号	标准名称
34	JGJ/T 188—2009	施工现场临时建筑物技术规范
35	JGJ/T 77—2010	施工企业安全生产评价标准
36	JGJ 198—2010	施工企业工程建设技术标准化管理规范
37	JGJ 59—2011	建筑施工安全检查标准
38	JGJ 147—2016	建筑拆除工程安全技术规范
39	JGJ/T 231—2021	建筑施工承插型盘扣式钢管支架安全技术标准
40	JGJ 254—2011	建筑施工竹脚手架安全技术规范
41	JGJ/T 128—2019	建筑施工门式钢管脚手架安全技术标准
42	JGJ 130—2011	建筑施工扣件式钢管脚手架安全技术规范
43	JGJ 166—2008	建筑施工碗扣式钢管脚手架安全技术规范
44	JGJ 202—2010	建筑施工工具式脚手架安全技术规范
45	JGJ 164—2008	建筑施工木脚手架安全技术规范
46	JGJ 162—2008	建筑施工模板安全技术规范
47	JGJ/T 183—2019	液压升降整体脚手架安全技术标准
48	JGJ/T 194—2009	钢管满堂支架预压技术规程
49	JGJ 46—2005	施工现场临时用电安全技术规范
50	JGJ 305—2013	建筑施工升降设备设施检验标准
51	JGJ 215—2010	建筑施工升降机安装、使用、拆卸安全技术规程
52	JGJ 276—2012	建筑施工起重吊装工程安全技术规范
53	JGJ 196—2010	建筑施工塔式起重机安装、使用、拆卸安全技术规程
54	JGJ/T 197—2010	混凝土预制拼装塔机基础技术规程
55	JGJ/T 187—2019	塔式起重机混凝土基础工程技术标准
56	JGJ/T 189—2009	建筑起重机械安全评估技术规程
57	JGJ 160—2016	施工现场机械设备检查技术规程
58	JGJ 33—2012	建筑机械使用安全技术规程
59	JGJ 88—2010	龙门架及井架物料提升机安全技术规范
60	TSG Q0002—2008	起重机械安全技术监察规程—桥式起重机
61	TSG 11—2020	锅炉安全技术规程
62	TSG 21—2016	固定式压力容器安全技术监察规程
63	TSG D0001—2009	压力管道安全技术监察规程—工业管道
64	TSG 23—2021	气瓶安全技术规程

第二节 建筑业劳动保护与安全生产

一、建筑业劳动保护

建筑业劳动保护是指在建筑生产过程中，为保证劳动者的安全和健康所采取的技术组织措施的总称，其内容包括改善劳动条件，预防工伤事故和职业病，保证劳动者有适当的休息时间，以及对劳动妇女进行特殊保护等。由于生产特点，劳动保护对建筑业有特殊的要求和重要意义。防止高空坠落、物体打击、机械损伤、沥青中毒、石灰灼伤、高温中暑，以及在特殊条件下（水下、地下、沉箱深基础、容器中工作）的劳动安全，防止因接触有害物质受伤、中毒等，是建筑业劳动保护的重点。

保护劳动者的安全和健康，是我国政府的一贯政策。《中华人民共和国宪法》中明确规定："改善劳动条件，加强劳动保护。"1956 年国务院颁布了《建筑安装工程安全技术规程》，1963 年颁布了《关于加强企业生产中安全工作的几项规定》。国务院建设主管部门又先后颁布了建筑业各工种安全操作规程及一系列的国家标准、行业标准、制度，对安全责任制、安全措施计划、安全检查、事故处理、劳动保护用品、保健津贴等，都做了相应的规定。各地区和企业根据上述规定，制定了适合本地区、本企业的实施细则。建筑业各级组织都设置安全机构，建立安全制度，进行安全教育，开展群众性安全活动，组织定期检查，按规定处理伤亡事故。劳动保护费用由建筑企业开支。

二、安全生产的概念

"安全生产"是指在社会生产活动中，通过人、机、物料、环境、方法的和谐运作，使生产过程中潜在的各种事故风险和伤害因素始终处于有效控制状态，切实保护劳动者的生命安全和身体健康。也就是说，为了使劳动过程在符合安全要求的物质条件和工作秩序下进行，防止人身伤亡、财产损失等生产事故，消除或控制危险有害因素，保障劳动者安全健康和设备设施免受损坏、环境免受破坏的一切行为。

安全生产是安全与生产的统一，其宗旨是安全促进生产，生产必须安全。安全促进生产是指搞好安全工作，改善劳动条件，可以调动职工的生产积极性；减少职工伤亡，可以减少劳动力的损失；减少财产损失，可以增加企业效益，无疑会促进生产的发展。而生产必须安全，则是因为安全是生产的前提条件，没有安全就无法生产。

三、安全生产的基本方针

《中华人民共和国安全生产法》确定的安全生产管理基本方针为“安全第一、预防为主、综合治理”。

要求在生产过程中，必须坚持“以人为本”的原则。在生产与安全的关系中，一切以安全为重，安全必须排在第一位。必须预先分析危险源，预测和评价危险、有害因素，掌握危险出现的规律和变化，采取相应的预防措施，将危险和安全隐患消灭在萌芽状态，企业的各级管理人员，坚持“管生产必须管安全”和“谁主管、谁负责”的原则，全面履行安全生产责任。

四、安全生产的基本原则

（1）“管生产必须管安全”的原则。管生产必须管安全指工程项目各级领导和全体员工在生产过程中必须坚持在抓生产的同时抓好安全工作。它实现了安全与生产的统一，生产和安全是一个有机的整体，两者不能分割更不能对立起来，应将安全寓于生产之中。

（2）“安全具有否决权”的原则。安全具有否决权指安全生产工作是衡量工程项目管理的一项基本内容，它要求对各项指标考核，评优创先时首先必须考虑安全指标的完成情况。安全指标没有实现，即使其他指标顺利完成，仍无法实现项目的最优化，安全具有一票否决的作用。

（3）“三同时”原则。基本建设项目中的职业安全、卫生技术和环境保护等措施和设施，必须与主体工程同时设计、同时施工、同时投产使用的法律制度的简称。

（4）“五同时”原则。企业的生产组织及领导者在计划、布置、检查、总结、评比生产工作中，同时计划、布置、检查、总结、评比安全工作。

（5）“四不放过”原则。事故原因未查清不放过，当事人和群众没有受到教育不放过，事故责任人未受到处理不放过，没有制定并落实切实可行的预防措施不放过。“四不放过”原则的支持依据是《国务院关于特大安全事故行政责任追究的规定》（国务院令〔2001〕第302号）。

（6）“三个同步”原则。安全生产与经济建设、深化改革、技术改造同步规划、同步发展、同步实施。

第二章　生产安全事故处理

第一节　概述

一、生产安全事故的基本概念

生产安全事故是指生产经营单位在生产经营活动（包括与生产经营有关的活动）中突然发生的，伤害人身安全和健康，或者损坏设备设施，或者造成经济损失的，导致原生产经营活动（包括与生产经营活动有关的活动）暂时中止或永远终止的意外事件。

生产安全事故的基本特征包括以下五个方面：

（1）事故主体的特定性。仅限于生产经营单位在从事生产经营活动中发生的事故。从事生产经营活动的单位主要包括工矿商贸领域的公司、企业、合伙人、个体户等生产经营单元。

（2）事故地域的延展性。生产安全事故发生的地域范围是不固定的，但又是限定在有限范围内的。

（3）事故的破坏性。生产安全事故对人员或生产经营单位造成了一定的损害结果，造成了人员伤亡（包括急性中毒），或者给生产经营单位造成了直接经济损失，影响了生产经营活动正常开展，产生了严重的影响。

（4）事故的突发性。生产安全事故是短时间内突然发生的，不同于在某种危害因素长期影响下发生的其他损害事件，如职业病。

（5）事故的过失性。生产安全事故主要是人的过失造成的事故，同洪水、泥石流等不可抗力造成的灾害有本质的区别，如因违章作业、冒险作业等发生的生产安全事故；工作环境不良、设备隐患等原因造成生产安全事故发生也应归为过失行为，是生产经营单位负责人员在本单位安全生产管理工作中存在过失行为，没有立即纠正、排除不良作业因素，放任不良因素继续存在，致使发生事故。

《生产安全事故报告和调查处理条例》规定安全生产事故一般分为以下等级：

（1）特别重大事故，是指造成30人及以上死亡，或者100人及以上重伤（包括急性工业中毒），或者1亿元及以上直接经济损失的事故。

（2）重大事故，是指造成10人及以上30人以下死亡，或者50人及以上100人以下重伤（包括急性工业中毒），或者5000万元及以上1亿元以下直接经济损失的事故。

（3）较大事故，是指造成3人以上10人以下死亡，或者10人及以上50人以下重伤（包括急性工业中毒），或者1000万元及以上5000万元以下直接经济损失的事故。

（4）一般事故，是指造成3人以下死亡，或者10人以下重伤（包括急性工业中毒），或者1000万元以下直接经济损失的事故。

二、导致事故的原因

在生产实际中，事故发生的原因是多方面的，但归纳起来有以下四个方面的原因：

（1）人的不安全行为（man）。

（2）机器的不安全状态（machinery）。

（3）环境的不安全条件（medium）。

（4）管理上的缺陷（management）。

以上四个方面的原因通常称作“4M”问题或“4M”因素。其中人的不安全行为、机器的不安全状态和环境的不安全条件属于直接原因，管理上的缺陷属于间接原因。

1. 机器的不安全状态

《企业职工伤亡事故分类标准》中列出的机械、设备、个人防护用品等的不安全状态如下：

（1）防护、保险、信号等装置缺乏或有缺陷。

1）无防护，即无防护罩、无安全保险装置、无报警装置、无安全标志、无护栏或护栏损坏、（电气）未接地、绝缘不良、局扇无消音系统、噪声大、危房内作业、未安装防止“跑车”的挡车器或挡车栏、其他。

2）防护不当。防护罩未在适当位置、防护装置调整不当、坑道掘进和隧道开凿支撑不当、防爆装置不当、采伐和集材作业安全距离不够、放炮作业隐蔽所有缺陷、电气装置带电部分裸露、其他。

（2）设备、设施、工具、附件有缺陷。

1）设计不当：结构不合安全要求，通道门遮挡视线，制动装置有缺欠，安全间距不够，拦车网有欠缺，工件有锋利毛刺、毛边，设施上有锋利倒棱，其他。

2）强度不够：机械强度不够、绝缘强度不够、起吊重物的绳索不符合安全要求、其他。

3）设备在非正常状态下运行：设备带“病”运转、超负荷运转、其他。

4）维修、调整不良：设备失修、地面不平、保养不当、设备失灵、其他。

（3）个人防护用品、用具（防护服、手套、护目镜及面罩、呼吸器官护具、听力护具、安全带、安全帽、安全鞋等）缺少或有缺陷。

1）无个人防护用品、用具。

2）所用的防护用品、用具不符合安全要求。

2. 环境的不安全条件

《企业职工伤亡事故分类标准》中对环境的不安全条件（状态）也做了规定：

（1）照明光线不良，如照度不足、作业场地烟雾尘弥漫、视物不清、光线过强。

（2）通风不良，如无通风、通风系统效率低、风流短路、停电停风时放炮作业、瓦斯排放未达到安全浓度放炮作业、瓦斯超限、其他。

（3）作业场所狭窄。

（4）作业场地杂乱，如工具、制品、材料堆放不安全，采伐时未开“安全道”，迎门树、坐殿树、搭挂树未做处理，其他。

（5）交通线路的配置不安全。

（6）操作工序设计或配置不安全。

（7）地面滑，地面有油或其他液体、冰雪覆盖、地面有其他易滑物。

（8）储存方法不安全。

（9）环境温度、湿度不当。

3. 不安全行为

《企业职工伤亡事故分类标准》中规定的不安全行为如下：

（1）操作错误，忽视安全，忽视警告。未经许可开动、关停、移动机器；开动、关停机器时未给信号、开关未锁紧，造成意外转动、通电或泄漏等；忘记关闭设备；忽视警告标志、警告信号；操作错误（指按钮、阀门、扳手、把柄等的操作）；奔跑作业、供料或送料速度过快；机械超速运转；违章驾驶机动车；酒后作业；客货混载；冲压机作业时，手伸进冲压模；工件紧固不牢；用压缩空气吹铁屑；其他。

（2）造成安全装置失效。拆除了安全装置、安全装置堵塞，失掉了作用、调整的错误，造成安全装置失效，其他。

（3）使用不安全设备。临时使用不牢固的设施、使用无安全装置的设备、其他。

（4）手代替工具操作。用手代替手动工具、用手清除切屑、不用夹具固定、用手拿工件进行机械加工。

（5）物体（指成品、半成品、材料、工具、切屑和生产用品等）存放不当。

（6）冒险进入危险场所。冒险进入涵洞，接近漏料处（无安全设施）；采伐、集材、运材、装车时，未离危险区；未经安全监察人员允许进入油罐或井中；未"敲帮问顶"开始作业；冒进信号，调车场超速上下车，易燃、易爆场合明火，私自搭乘矿车，在绞车道行走，未及时瞭望。

（7）攀、坐不安全位置（如平台护栏、汽车挡板、吊车吊钩）。

（8）在起吊物下作业、停留。

（9）机器运转时加油、修理、检查、调整、焊接、清扫等工作。

（10）有分散注意力行为。

（11）在必须使用个人防护用品用具的作业或场合中，忽视其使用：未戴护目镜或面罩、未戴防护手套、未穿安全鞋、未戴安全帽、未佩戴呼吸护具、未佩戴安全带、未戴工作帽、其他。

（12）不安全装束，在有旋转零部件的设备旁作业穿过肥大服装、操纵带有旋转零部件的设备时戴手套、其他。

（13）对易燃、易爆等危险物品处理错误。

4. 管理上的缺陷

人的不安全行为、物的不安全状态、环境的不安全条件和安全管理的缺陷是事故发生的原因。而人、物和环境方面出现问题常常是由于安全管理出现失误或存在缺陷。因此，可以说安全管理缺陷是事故发生的根源，是事故发生的深层次的本质原因。

第二节 事故预防

1. 事故预防概念

事故预防是指根据事故模式理论，分析事故的原因及相互关系，采取有效的防范措施，消除导致事故的因素，从而避免事故发生。

事故预防包括以下两方面：

（1）对重复性事故的预防，即对已发生事故的分析，寻求事故发生的原因及其相互关系，提出防范类似事故重复发生的措施，避免此类事故再次发生。

（2）对预计可能出现事故的预防，此类事故预防主要是对可能将要发生的事故进行预测，即要查出由哪些危险因素组合，并对可能导致什么类型事故进行研究，模拟事故发生过程，提出消除危险因素的办法，避免事故发生。

2. 预防事故发生的原则

（1）事故是可以预防的。除自然灾害造成的事故以及某些事故原因在技术上尚未有有效控制措施外，其余事故都可以通过消除原因控制事故发生，无论什么事故，都可以寻求出避免或减少损失的办法。因此，通过分析事故发生的原因和过程，研究防止事故发生的理论及对策，可以防止事故发生，减少损失。

（2）防患于未然。预防事故积极有效的办法是防患于未然，即采用“事先型”解决问题的方法，将事故隐患、不安全因素消除在潜伏、孕育阶段，这是防止事故的根本出发点。

（3）根除事故原因。引起事故的原因是多方面的，而原因之间又有因果关系，事故预防就是要从事故的直接原因着手，分析引起事故的最本质的原因，只有消除这些最根本的原因，才能消除事故的所有原因，才能根除事故。

（4）全面治理。消除事故隐患，根除事故的最基本原因，应遵循全面治理的原则。即在安全技术、安全教育、安全管理等方面，对物的不安全状态（包括环境的不安全条件）、人的不安全行为、管理的不安全因素进行治理和消除，从而达到对事故原因的多方位控制的目的。技术（engineering）、教育（education）、管理（enforcement）称为事故预防的“三 E”对策，它是企业预防事故的三大支柱。只有全面发挥三大支柱的作用，实行全过程的控制措施，对事故隐患与事故苗头进行全面治理，才能有效地实现预防事故的目的。

3. 事故预防的基本原理

（1）对管理因素进行控制，避免出现由管理不善引起的事故隐患。

（2）针对已存在的或潜在的不安全状态和条件，以及不安全行为采用安全技术措施管理和法制教育管理，以控制事故隐患。

（3）对已形成的事故隐患应采取有效的措施予以治理，以消除隐患，防止事故发生。

4. 事故预防体系

在现代化生产中，生产过程是极为复杂的过程，相关因素很多，因而造成事故的原因也极为复杂。所以，事故预防体系必须建立在一个科学的管理体系上，可把这个体系称为安全系统工程体系。运用安全系统工程原理，又可将事故预防体系分为以下三个子体系。

（1）全力保证生产过程中不发生任何事故。这是事故预防体系中最基本的体系，它的支持和保护体系又由以下三个方面组成：

1）一切生产设备的安全性能都达到生产环境的需求。这就必须从生产设备的设计、制造、安装抓起，每一个环节、每一个零部件都必须符合质量保证体系的要求。

2）与生产目的紧密相关，与一切设备的性能要求都协调一致的工艺流程。这里最重要的是必须将事故的预防程序编入工艺流程。可运用安全系统工程的理论找出生产过程中可能发生事故的各个环节，针对这些环节编制出事故预防程序，同时还必须编入操作规程。

3）按其职责要求，配备能够熟练掌握有关设备的工艺性能并能忠于职守的操作管理人员。这显然是事故预防中最重要一环，对于这一环可以设计以下三个要求予以保证：

a）所有的操作、管理人员都必须经过严格的教育、培训、考核。

b）所有岗位的责任人都应有良好的敬业精神，并有高度的负责态度。

c）一切事故的责任人都必须受到查究。

（2）一旦事故发生能够得到最有效的控制并消除。这个体系首先要求生产系统有一定的容错功能。这就是说，一旦生产系统发生了异常变化，系统中的自动保护装置能够发挥作用，实行自动调节，或者自动排除故障。故障不能排除时，自动停止作业或自动发生警报提示操作人员排除故障。

（3）事故难以控制和消除时要尽力减少可能造成的损害。这个体系主要是做好应急处理方案。事故发生后往往情况十分紧急。而且由于现场混乱、情况复杂，给救灾的指挥、判断、组织工作带来很大困难。因此，这个体系的核心设计是要求企业对可能发生的各种紧急情况进行分析、评估，并制订出发生紧急情况时的应急方案。同时，预先设置各种有效的救灾设备和配备一定数量的救灾人员。

第三节 事故调查与处理

事故调查是指按事故严重程度组成相应的调查组，对事故进行调查和分析。

1. 事故调查分析的目的和任务

事故调查分析的目的是为了弄清事故情况，从思想、管理和技术等方面查明事故原因，分清事故责任，提出有效改进措施，从中吸取教训，防止类似事故重复发生。

事故调查分析的主要任务如下：

（1）查清事故发生经过。通过现场留下的痕迹，空间环境的变化，对事故见证人及受伤者的询问及对有关现象的仔细观察，以及必要的科学实验等方式或手段来弄清事故发生的前后经过，并用简短文字准确表达出来。

（2）找出事故原因。即从人的因素、管理因素、环境因素以及机器设备本质安全因素等方面进行综合分析，找出事故发生的直接原因和间接原因。找出事故原因是事故调查分析的中心任务。

（3）分清事故责任。通过事故调查，划清与事故事实有关的法律责任，并对有关责任人提出处理建议，包括行政处分、经济处罚。构成犯罪的，由司法机关依法追究刑事责任。

（4）吸取事故教训，提出预防措施，防止类似事故的重复发生。这是事故调查分析的最终目的。

2. 事故发生后对事故的调查

（1）特别重大事故由国务院或者国务院授权有关部门组织事故调查组进行调查。重大事故、较大事故、一般事故分别由事故发生地省级人民政府、设区的市级人民政府、县级人民政府负责调查。省级人民政府、设区的市级人民政府、县级人民政府可以直接组织事故调查组进行调查，也可以授权或者委托有关部门组织事故调查组进行调查。未造成人员伤亡的一般事故，县级人民政府也可以委托事故发生单位组织事故调查组进行调查。

（2）上级人民政府认为必要时，可以调查由下级人民政府负责调查的事故。自事故发生之日起30日内（道路交通事故、火灾事故自发生之日起7日内），因事故伤亡人数变化导致事故等级发生变化，依照本条例规定应当由上级人民政府负责调查的事故，上级人民政府可以另行组织事故调查组进行调查。

（3）特别重大事故以下等级事故，事故发生地与事故发生单位不在同一个县级以上行政区域的，由事故发生地人民政府负责调查，事故发生单位所在地人民政府应当派人参加。

（4）事故调查组的组成应当遵循精简、效能的原则。根据事故的具体情况，事故调查组由有关人民政府、安全生产监督管理部门、负有安全生产监督管理职责的有关部门、监察机关、公安机关以及工会派人组成，并应当邀请人民检察院派人参加。事故调查组可以聘请有关专家参与调查。

（5）事故调查组成员应当具有事故调查所需要的知识和专长，并与所调查的事故没有直接利害关系。

（6）事故调查组组长由负责事故调查的人民政府指定。事故调查组组长主持事故调查组的工作。

（7）事故调查组履行的职责如下：

1）查明事故发生的经过、原因、人员伤亡情况及直接经济损失；

2）认定事故的性质和事故责任；

3）提出对事故责任者的处理建议；

4）总结事故教训，提出防范和整改措施；

5）提交事故调查报告。

（8）事故调查组有权向有关单位和个人了解与事故有关的情况，并要求其提供相关文件、资料，有关单位和个人不得拒绝。

事故发生单位的负责人和有关人员在事故调查期间不得擅离职守，并应当随时接受事故调查组的询问，如实提供有关情况。

事故调查中发现涉嫌犯罪的，事故调查组应当及时将有关材料或者其复印件移交司法机关处理。

（9）事故调查中需要进行技术鉴定的，事故调查组应当委托具有国家规定资质的单位进行技术鉴定。必要时，事故调查组可以直接组织专家进行技术鉴定。技术鉴定所需时间不计入事故调查期限。

（10）事故调查组成员在事故调查工作中应当诚信公正、恪尽职守，遵守事故调查组的纪律，保守事故调查的秘密。

未经事故调查组组长允许，事故调查组成员不得擅自发布有关事故的信息。

（11）事故调查组应当自事故发生之日起60日内提交事故调查报告；特殊

情况下，经负责事故调查的人民政府批准，提交事故调查报告的期限可以适当延长，但延长的期限最长不超过60日。

（12）事故调查报告应当包括以下内容：

1）事故发生单位概况；

2）事故发生经过和事故救援情况；

3）事故造成的人员伤亡和直接经济损失；

4）事故发生的原因和事故性质；

5）事故责任的认定以及对事故责任者的处理建议；

6）事故防范和整改措施。

事故调查报告应当附有关证据材料。事故调查组成员应当在事故调查报告上签名。

（13）事故调查报告报送负责事故调查的人民政府后，事故调查工作即告结束。事故调查的有关资料应归档保存。

3. 确定事故原点

在事故调查中，必须先查清和验证事故原点的位置，然后才能对事故调查过程中的各个环节进行分析。如果不首先查到事故原点，事故调查就很难深入下去。如果在事故原点没确定就对事故原因做结论，其结果必是错误的，所采取的措施也是无针对性的。

确定事故原点的方法有以下三种：

（1）定义法，就是用事故原点的定义，查证落实事故的最初起点。定义法适用于事故发生过程比较明显，凭直观便可基本确定事故原点和事故原因的事故。

（2）逻辑推理法，就是将发生事故的劳动生产过程的工艺条件，结合事故的发生过程的因果相关顺序进行逻辑推理。这种方法适用于事故过程不明显，而破坏性又比较复杂的事故。

（3）技术鉴定法，就是利用事故现场的大量物证进行综合分析，使事故过程逐步复原，将事故原点暴露出来。这种方法适用于事故过程极其复杂，造成了整个系统机毁人亡的重大事故。在事故调查处理中应坚持“四不放过”原则。

4. 事故分析的基本步骤

事故分析的基本步骤如下：

（1）整理和阅读调查材料。

（2）按受伤部位、受伤性质、起因物、致害物、伤害方式、不安全状态、不安全行为七项内容进行分析。这七项内容所包含的具体项目在《企业职工伤亡事故分类标准》（GB 6441）中有详细规定。

（3）确定事故的直接原因。属于直接原因的情况如下：

1）机械、物质或环境的不安全状态；

2）人的不安全行为。

（4）确定事故的间接原因。属于间接原因的情况如下：

1）技术和设计上有缺陷，即工业构件、建筑物、机械设备、仪器仪表、工艺过程、操作方法、维修检验等的设计，施工和材料使用存在问题；

2）教育培训不够，未经培训，缺乏或不懂安全操作技术知识；

3）劳动组织不合理；

4）对现场工作缺乏检查或指导错误；

5）没有安全操作规程或安全操作规程不健全；

6）没有或不认真实施事故防范措施，对事故隐患整改不力；

7）其他。

在分析事故时，应从直接原因入手，逐步深入到间接原因，从而掌握事故的全部原因。再分清主次，进行责任分析。

（5）确定事故的责任者。

1）根据事故调查所确认的事实，通过对直接原因和间接原因的分析，确定事故中的直接责任者和领导责任者；

2）在直接责任者和领导责任者中，根据其在事故发生过程中的作用，确定主要责任者；

3）根据事故后果和事故责任者应负的责任提出处理意见。

5. 确定事故责任者的基本原则

事故责任者是指对事故发生负有责任的人，其中包括直接责任者、主要责任者和领导责任者。其行为与事故发生有直接因果关系的为直接责任者。对事故发生负有领导责任的为领导责任者。一般从间接原因确定领导责任。在直接责任者和领导责任者中，对事故发生起主要作用的为主要责任者。

确定事故责任者的原则如下：

凡因以下原因造成的事故，应首先追究领导者的责任：

（1）工人没按规定进行安全教育和技术培训，或未经工种考试合格就上岗操作；

（2）缺乏安全技术操作规程或规程不健全；

（3）安全措施、安全信号、安全标志、安全用具、个体防护用品缺乏或有缺陷；

（4）设备严重失修或超负荷运转；

（5）对事故熟视无睹，不采取措施，或挪用安全技术措施经费，致使重复发生同类事故；

（6）对现场工作缺乏检查或指导错误。

凡因以下原因造成的事故，应追究肇事者或有关人员责任：

（1）违章指挥、违章作业、冒险作业；

（2）违反安全生产责任制，违反劳动纪律、玩忽职守；

（3）擅自开动机器设备，擅自更改、拆除、毁坏、挪用安全装置和设备。

6. 事故处理

事故处理的办法如下：

（1）重大事故、较大事故、一般事故，负责事故调查的人民政府应当自收到事故调查报告之日起15日内做出批复；特别重大事故，30日内做出批复，特殊情况下，批复时间可以适当延长，但延长的时间最长不超过30日。

有关机关应当按照人民政府的批复，依照法律、行政法规规定的权限和程序，对事故发生单位和有关人员进行行政处罚，对负有事故责任的国家工作人员进行处分。

事故发生单位应当按照负责事故调查的人民政府的批复，对本单位负有事故责任的人员进行处理。

负有事故责任的人员涉嫌犯罪的，依法追究刑事责任。

（2）事故发生单位应当认真吸取事故教训，落实防范和整改措施，防止事故再次发生。防范和整改措施的落实情况应当接受工会和职工的监督。

安全生产监督管理部门和负有安全生产监督管理职责的有关部门应当对事故发生单位落实防范和整改措施的情况进行监督检查。

（3）事故处理的情况由负责事故调查的人民政府或者其授权的有关部门、机构向社会公布，依法应当保密的除外。

第四节　事故档案

事故档案相关内容如下：

（1）生产安全事故档案（简称事故档案），是指生产安全事故报告、事故调查和处理过程中形成的具有保存价值的各种文字、图表、声像、电子等不同形式的历史记录。

（2）事故档案管理按照《生产安全事故报告和调查处理条例》规定的事故等级处理程序，实行分系统、分级管理。

（3）事故档案管理是参与事故调查处理单位档案工作的组成部分。事故档案的管理应与事故报告、事故调查和处理同步进行。参加事故调查处理的有关单位及个人都有维护事故档案完整、准确、系统、安全的义务。任何单位和个人都不得将事故档案据为已有或拒绝归档。

（4）事故文件材料的收集归档是事故报告和调查处理工作的重要环节。事故调查组组长或组长单位应指定人员负责收集、整理事故调查和处理期间形成的文件材料。事故调查组成员应在所承担的工作结束后规定的时间内，将工作中形成的事故调查文件材料收集齐全，移交指定人员。负责事故处理的部门在事故处理结束后规定的时间内向本单位档案部门移交事故档案。

（5）事故调查及处理工作中应归档的文件材料主要包括：

1）事故报告及领导批示；

2）事故调查组织工作的有关材料，包括事故调查组成立批准文件、内部分工、调查组成员名单及签字等；

3）事故抢险救援报告；

4）现场勘查报告及事故现场勘查材料，包括事故现场图、照片、录像，勘查过程中形成的其他材料等；

5）事故技术分析、取证、鉴定等材料，包括技术鉴定报告，专家鉴定意见，设备、仪器等现场提取物的技术检测或鉴定报告以及物证材料或物证材料的影像材料，物证材料的事后处理情况报告等；

6）安全生产管理情况调查报告；

7）伤亡人员名单，尸检报告或死亡证明，受伤人员伤害程度鉴定或医疗证明；

8）调查取证、谈话、询问笔录等；

9）其他有关认定事故原因、管理责任的调查取证材料，包括事故责任单位营业执照及有关资质证书复印件、作业规程及技术图纸等；

10）关于事故经济损失的材料；

11）事故调查组工作简报；

12）与事故调查工作有关的会议记录；

13）其他与事故调查有关的文件材料；

14）关于事故调查处理意见的请示（附有调查报告）；

15）事故处理决定、批复或结案通知；

16）关于事故责任认定和对责任人进行处理的相关单位的意见函；

17）关于事故责任单位和责任人的责任追究落实情况的文件材料；

18）其他与事故处理有关的文件材料。

（6）事故档案整理应当以事故为单位进行分类组卷，组卷时应保持文件之间的有机联系。同一事故的非纸质文件材料应与纸质文件材料分别整理存放，并标注互见号。

（7）归档文件质量要求：纸质文件材料应齐全完整，字迹清晰，签认手续完备；数字照片应打印纸质拷贝；录音、录像文件（包括数字文件）、电子文件应按要求确保内容真实可靠、长期可读。

（8）文件材料向档案部门归档时，交接双方应按照归档文件材料移交目录对全部文件材料进行清点、核对，对需要说明的事项应编写归档说明。移交清册一式二份，双方责任人签字后各保留一份。

（9）擅自销毁事故文件材料、未及时归档，造成事故档案损毁、丢失或泄密的，应依照安全生产法律法规、档案法律法规追究直接责任单位或个人的法律责任。

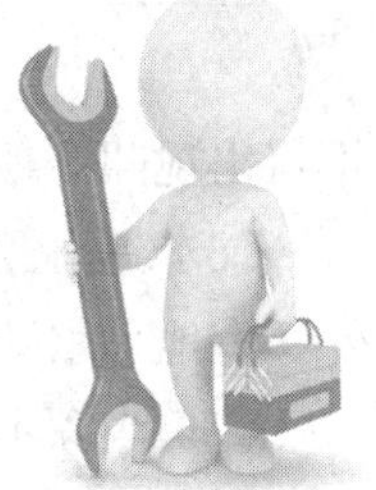

第三章　工程施工安全技术

第一节　土石方工程施工

一、沟槽、基坑的机械开挖

（1）机械挖土时，必须严格遵守挖土机械的安全技术操作规程。挖土前，应先发出信号，在挖土机臂回转半径范围内，不许进行其他工作。

（2）有地下设施地段挖土时，必须有专人指挥，向司机指明地下设施的种类、位置、走向、高程以及危害程度等，并做出明显的标志，以防发生事故。

（3）在有支撑的沟槽中，使用机具设备挖土时，必须注意不得碰撞支撑。

（4）槽内施工人员未离开挖土机臂杆旋转半径范围内，机械操作人员不准从事挖土作业。

（5）挖土机械在架空输电线路一侧施工时，臂杆与输电线路的安全距离不应小于相关规定。遇有大风、雷雨、大雾的天气时，机械不得在高压线附近施工。在地下电缆附近工作时，必须查清地下电缆走向，严格保持在 1m 以外的距离操作。

二、沟槽、基坑的人工挖土

（1）上下沟槽必须设置立梯，立梯应坚固，不得缺层。

（2）挖土时，二人间距要保持 2m 以上的安全距离，对所用工具要经常检查是否完好无损，安全可靠。

（3）挖土时，必须从上而下分层开挖，禁止采用挖空底脚的操作方法，并且做好排水、降水等安全措施。

（4）挖土时，应视土质、湿度和挖深度等情况，选择安全边坡。

（5）沟槽应挖得直顺，上下口尺寸、中线和边坡要符合要求，槽壁应平整，不得出现凹凸现象，以免影响沟壁的稳定性而造成沟壁坍塌。

（6）遇砂层时，必须先打好板桩，再向下挖。如为流沙层时，除打好板桩外，有地下水的，还应降低地下水位才准下挖，严禁带水挖掘。

（7）沟深不小于 3m 时，应设垂直运输设备，搭设所有的材料必须坚实。

（8）机械挖土时，跟机修坡清底的操作人员应与铲斗保持一定的安全距离，必要时应先停机，然后再操作，同时还应及时采取必要的支撑措施和沟边翻土工作，以减轻沟壁压力，以利于沟壁稳定。

（9）雨、雪后，应及时清泥、扫雪，修垫道路，采取必要的防滑措施，检查槽壁有无裂缝、灌水等情况。

三、沟槽、基坑堆土

（1）首先应根据现场情况，选择堆土位置（一侧堆土、两侧堆土、土方外运）。

（2）沟边一侧或两侧堆土，均应距沟边 1m 以外（遇软土地区堆土距沟边不得小于 1.2m），其高度不超过 1.5m，堆土顶部要向外侧做流水坡度。

（3）堆土不得埋压构筑物和设施，如必须堆土时，应采取相应措施。

（4）堆土不得靠近变压器、民房和古老建筑物等。

四、沟槽、基坑支撑

（1）支撑前应将槽（坑）壁整刷平，对槽（坑）壁上的洞穴等要填塞密实，使撑板能够均匀的靠紧槽（坑）壁，以保证支撑的稳固性。

（2）支撑材料应直顺坚实、符合要求，对土质较差或槽（坑）边荷载较大时，支撑材料应进行计算确定。

（3）支撑的支设程序是先上后下，各结合部位应连接牢固。拆除时则应先下后上。更换支撑时，应先支设上新的，再拆下旧的，拆除支撑时，必须有人进行指挥，严禁私自乱拆。

（4）进行支撑作业时，槽（坑）两侧均匀设置牢固的立梯，立梯与底面应有 60° ～ 70° 夹角，支撑作业人员应系好安全带。

（5）进行支撑作业时，递料人员均应站在槽（坑）上边，工具和材料均应用绳吊送，撑木下方严禁站人或通过，严禁从撑木上上下人。

（6）当土质较差而槽（坑）较深时，先挖后撑容易造成塌方，一般应采用挖土前先打下板桩，然后随着土方逐步挖深再将板桩撑好。

五、沟槽土回填

（1）下土时，槽内邻近下土点不准有人，用架子车向槽内倒土时，应距槽边不小于 30cm，槽边必须设有 30cm 高的土挡或枋木等，以防车子打滑将人带入槽内，采用翻斗车或自卸车运土时，均不准直接倒入槽内，以防发生意外。

（2）管道两侧部分填土，应同时进行分层夯实，在夯实时，若采用小铁杵或木夯等工具，二人之间应保持 1m 以上间距，并随时检查夯实工具。采用电夯时，操作人员必须戴绝缘手套，穿绝缘鞋。在夯实过程中，不要碰击沟壁和管皮、管带，以免造成沟壁土的脱落伤人和损坏管皮、管带，一般在接近管皮处用杵子夯实，管侧和管顶 50cm 范围夯实时，夯击力过猛将会造成管带开裂和接口错位，因此，夯击力不可过猛。管顶覆土 1.5m 以上时，可用机械碾压。

（3）若有地下水，填土时应继续排水。采用明沟排水时，填土应从两邻排水井的分水处开始，向某水井延伸。回填时，应防止局部集水浸泡基础或沟壁而影响沟壁的稳定性。在夯实过程中，若发现槽壁有掉土等情况，应立即停止夯实，等处理完毕后再进行工作。

（4）在回填过程中，需拆除固壁支撑时，应采取先下后上的办法拆除。如因土质较差、难以拆除时，可先拆去下部支撑杆，撑板暂时不拆，待回填到一定高度时，再用倒链或其他起重工具将撑板拔出。拆除支撑时，必须有技术人员进行指导，严禁私自乱拆。

第二节　桩基及地基处理工程

一、进行桩基及地基处理工程的一般要求

（1）打桩机操作人员应经培训考试，取得操作合格证后方可上岗作业。

（2）施工场地平整压实，打桩机周围 5m 以内应无高压线路，作业区应有明显标志或围栏，严禁闲人进入。

（3）移动桩架时应将桩锤放至最低位置，移动时应缓慢，统一指挥，并应有防止倾倒的措施。

（4）卷扬钢丝绳应处于润滑状态，防止干摩擦。不得使用报废的钢丝绳。

（5）作业中，如停机时间较长，应将桩锤落下、垫好。不得悬吊桩锤进行检修。

（6）遇六级及以上大风或雷雨、大雾、雾霾、大雪等恶劣气候应停止作业。当风力超过七级或有强热带风暴警报时，应将桩机顺风向停置，并加缆风绳，必要时，应将桩架放倒在地面上。

（7）打桩机电气绝缘应良好，应有接地（或接零）保护。电源电缆应有专人收放，不得随地拖放。

（8）作业完毕应将打桩机停放在坚实平整的地面上，制动并锲牢，桩锤落下，切断电源。

二、混凝土预制桩、钢管桩、钢板桩及沉管灌注桩施工在安全方面的要求

（1）施工场地坡度不应大于1%，地基承载力不得小于85kN/m^2。

（2）桩帽及衬垫必须与桩型、桩架、桩锤相适应。若有损坏，则应及时整修或更换。

（3）锤击不应偏心，开始时落距要小。若遇贯入度突然增大、桩身突然倾斜或位移、桩头严重损坏、桩身断裂、桩锤严重回弹等情况，应停止锤击，采取措施后方可继续作业。

（4）套送桩时，应使送桩、桩锤和桩身中心在同一轴线上。插桩后应及时校正桩的垂直度，桩入土3m以上时，严禁用桩机行走或回转动作纠正桩的倾斜度。

（5）用打桩机吊桩时，钢丝绳应按规定的吊点绑扎牢固，棱角处应垫以麻袋或草包。在桩上应系好拉绳，并由专人控制；不得偏吊或远距离起吊桩身。

（6）吊桩前应将桩锤提起并固定牢靠；在起吊2.5m以外的混凝土预制桩时，则应将桩锤落在下部，待桩吊进后方可提升桩锤。

（7）起吊时应使桩身两端同时离开地面，起吊速度应均匀，桩身应平衡，严禁在起吊后的桩身下通过。

（8）桩身吊离地面后，如果发现桩架后部翘起，应立即将桩身放下，并检查缆风、地锚的稳固情况。

（9）严禁吊桩、吊锤、回转或行走同时进行。桩机在有桩或锤的情况下，操作人员不得离开岗位。

（10）桩身沉到设计深度后应将桩帽升高到4m以上，锁住后方可检查桩身或浇筑混凝土。

（11）送桩拔出后，地面孔洞必须及时回填或加盖。

三、钻（冲）孔灌注桩施工在安全方面的要求

（1）桩机放置应平稳牢靠，并有防止桩机移位或下陷的措施，作业时应保证机身不摇晃、不倾倒。钻机就位后，应全面检查钻机及配套设施，合格后才可开钻。

（2）孔顶应埋设钢护筒，其埋深应不小于 1m。

（3）更换钻杆、钻头（钻锤）或放置钢筋笼、接导管时，应采取措施防止物件掉落孔里。

（4）成孔后，孔口必须用盖板保护，附近不得堆放重物。

（5）泥浆池边不小于 1m 处，应设高度不小于 1.2m 的安全防护设施。

（6）钻机停钻后，应将钻头提出孔外，置于钻架上。

（7）排污管道应设警示标识，捞取的沉渣应及时清理，达标排放。

四、人工挖孔桩作业时在安全方面的要求

（1）井孔上下应有可靠的通话联络。井下有人作业时，井上配合人员不得撤离职守。下班时，必须盖好孔口或设置安全防护围栏。

（2）上班前应对井孔护壁、孔内气体等进行检查，确保符合安全要求。作业前，应先向孔底通风，然后人员方可下井作业。

（3）井下作业人员应勤轮换，一般井下连续作业时间不宜超过 3h。

（4）在挖孔作业中，当出现孔壁塌方、流沙及冒水现象严重时，井下人员应立即撤至地面，并在采取可靠的安全措施后方可继续施工。

（5）用于吊土的设备必须安全可靠。从井下往上吊土时，井下作业人员应暂停工作并躲在安全隔板下。

（6）井底抽水或浇灌混凝土时，应待井下人员上地面后方可进行。

（7）井内照明应采用不超过 12V 的安全电压。进入桩井内的所有电气设备的控制开关应设在桩井口上方便于操作处，设专人管理。

（8）井口应设置高出地面 15cm 的保护圈，以防止地面雨水流入孔内。

（9）使用台架、把杆时，卷扬滚筒上的绳不应有扭结和断丝现象，滚筒上的绳放出后剩余不得少于 5 圈。

（10）提运渣土应使用可开启密封容器，开启装置、吊钩或滑轮应有防脱落措施。

（11）井口四周严禁堆渣土，护圈顶上不得放置操作工具及杂物。

（12）从井口到井底应设置一条供井内作业人员应急使用的安全绳，并固定牢固。

（13）作业人员上下桩井应系好安全带，并正确使用攀登自锁器。

（14）人工挖孔桩洞口及周边应设立警示标识。

五、振冲桩施工时在安全方面的要求

（1）施工前应检查各部位连接牢固、完好。振冲器与减震器处的上、下两部分应用链条或钢丝绳连接起来。

（2）振冲器和电缆必须严格密封、绝缘良好。水管接头应严密，不得漏水。

（3）应有防止桩机移位或下陷的措施；作业时保持机身垂直，不摇晃、不倾倒。

（4）振冲器必须处于垂直状态，并离开地面后方可开机检验及作业。振冲器在土层深处时不得断电停振。

（5）施工现场泥浆应定点排放，并应有控制泥浆排放的措施。

六、深层搅拌（旋喷）桩施工时在安全方面的要求

（1）作业前应检查各部件安装是否正确、牢固。作业中机件有异常响声、变形、发热、冒烟等不正常情况时，必须查出原因并及时排除。

（2）应随时检查主机和井架的支撑情况，严防其倾斜。

（3）钻进时如果有卡钻现象，应停止给进，严重时应停钻并将钻具提升后进行检查、消缺。

（4）喷料系统的压力不得超过许可范围，压力过高时，应立即停止空气压缩机运转。

（5）钻头或管路发生堵塞时，应立即停止喷送，并采取措施予以排除。在清除喷口堵塞物时，喷口不得对着人及设备。

七、强夯施工在安全方面应注意的问题

（1）施工场地必须平整。作业区域应设有警戒标志或围栏，严禁非作业人员进入。

（2）强夯机械必须按照强夯等级的要求经过计算选用，严禁超负荷作业。夯机在工作状态时，臂杆仰角应为69°～71°。

（3）强夯前应对起重设备、索具、卡环、插销及工器具等进行全面检查，并

进行试吊、试夯。

（4）夯锤必须有通气孔，如果作业中有堵塞现象应随时清理。严禁任何人钻入通气孔或站在锤下进行清理。

（5）从坑中提锤时，严禁人员站在锤上随锤提升。当出现锤底吸力增大时，应采取措施排除，不得强行提锤。

（6）使用门架时，门架底座应与夯机着地部位保持水平。门架支腿在支垫稳固前，严禁提锤。

（7）夯机应安装夯锤上升高度限位器，起吊夯锤、索具应保持垂直、匀速，夯锤及挂钩不得碰撞吊臂，吊臂应有防夯锤碰撞保护措施。

（8）从夯锤提升到夯锤落下，机下人员必须在安全距离之外。严禁在起重机正前方和起重机臂杆下站立。

（9）夯锤上升时，不得旋转。发生旋转时，应立即停止起落，及时采取措施使其恢复正常状态后方可继续进行工作。

（10）夯锤起吊过程中，严禁中途变速及倒转，遇特殊情况，应拉开脱钩器，待锤落下后再进行处理。

（11）夯锤落下后，在脱钩器尚未降至夯锤吊环附近前，操作人员不得提前下坑立杆、挂钩。

（12）夯坑地面出现倾斜时，应及时处理或回填，不应强行夯击。夯锤埋入土中 500mm 以上时，起重机提升不应一次猛起，应先试提，机械无异常现象时，方可起升。

（13）遇阴雨、雾霾、六级及以上大风等天气及夜间照明不足时，不得进行强夯作业。

（14）作业完毕，应将夯锤放在地面上。严禁在非作业时将夯锤悬挂在空中。

第三节　混凝土结构工程

一、模板工程

（1）模板安装、拆除应按施工组织设计或施工方案进行，严禁任意变动。模板未固定前不得进行下道工序。

（2）模板及支撑应满足结构及施工荷载要求，不得使用严重锈蚀、腐朽、扭裂、劈裂的材料。

（3）在高处安装或拆除模板时应遵守高处作业的有关规定。施工人员应从梯子上下，不得在模板、支撑上攀登。严禁在高处的独木或悬吊式模板上行走。

（4）用绳索捆扎、吊运模板时，应检查绳扣的牢固程度及模板的刚度。用车辆运送模板时，应在车上放稳、垫平或绑扎牢固。

（5）木料集中堆放时，离火源不应小于10m，且料场四周应设置消防器材。

（6）六级及以上大风等天气及夜间照明不足时，不得进行模板装、拆作业。

（7）模板安装。

1）模板安装应在支撑系统验收合格后进行。

2）采用钢管脚手架兼作模板支撑时必须经过计算，每根立柱（杆）承受的荷载不得大于其承载力，应根据所选用钢管壁厚计算确定。立柱（杆）必须设水平拉杆及剪刀撑。

3）当支架立柱成一定角度倾斜，或其支架立柱的顶表面倾斜时，应采取可靠措施确保支点稳定，支撑底脚应有防滑移的可靠措施。

4）当模板安装高度超过3m时，必须搭设脚手架，宜设置作业平台，并装设栏杆；支设立柱模板时，应及时固定，并搭设脚手架。安装牛腿模板时，应在排架或支撑上搭设临时脚手架。

5）独立柱或框架结构中高度较大的柱安装后应用缆风绳拉牢。

6）钢筋、模板组合吊装时，应计算模板刚度并确定吊点，吊点位置在施工中不得任意改变。

7）支承上层楼板的模板时，应复核支承楼面的强度，支承着力点应根据计算确定。

8）使用机械吊装大模板或整体式模板时，应先行试吊。必须在模板就位并加固后方可脱钩。

（8）模板拆除。

1）高处模板拆除时，应办理安全施工作业票，应划定警戒范围，设置安全警戒标志并派专人监护，严禁非操作人员进入。

2）拆除模板应按顺序分段进行。严禁猛撬、硬砸及大面积撬落或拉倒。

3）拆模作业场所附近的及安设在模板上的临时电线、蒸汽管道等，应在通知有关部门拆除后方可进行拆模作业。

4）拆除模板时应选择稳妥可靠的立足点，高处拆模时必须系好安全带。

5）拆除的模板严禁抛扔，应用绳索吊下或由滑槽（轨）滑下。滑槽（轨）周围不小于5m处应用危险标志旗绳围住。螺栓螺帽、垫块、销卡、扣件等小件物品应装袋后吊下。

6）拆除薄腹梁、吊车梁、桁架等易失稳的预制构件的模板，应随拆随顶，防止构件倾倒。

7）在施工设备附近拆模时，应做好设备的保护工作。在邻近生产运行部位拆模时，应征得运行单位同意。

8）拆下的模板应及时运到指定地点集中堆放，不得堆放在脚手架或临时搭设的工作台上。

9）下班时，不得留下松动的或悬挂着的模板以及扣件、混凝土块等悬浮物。

10）高处拆除大模板或整体模板，应先吊挂好扣再拆除固定螺栓或其他固定件。在起吊前必须检查所有固定件已拆除，并待模板脱离混凝土后方可正式起吊。

11）拆除基础及地下工程的模板时，应先检查基坑边坡的稳定性，在确认安全或采取防范措施后方可进行操作。

二、钢筋工程

1. 钢筋加工

（1）钢筋、半成品等应按规格、品种分类堆放整齐，制作场地应平整，工作台应稳固，照明灯具应加设网罩。

（2）碰焊机、切割机等操作场所，应保持整洁，并配备消防器材。

（3）钢筋碰焊工作必须在碰焊室内或碰焊棚内进行：①碰焊室顶棚、墙面应使用防火材料；②室内电源应设箱、上锁；③碰焊机外壳必须接地良好，碰焊时严禁带电调整电流；④室内应配备灭火器材。

（4）碰焊机应有可靠的防触电措施。采用竖向碰焊时，周围及下方的易燃物应及时清理。作业结束后应切断电源，检查现场，确认无火灾隐患后方可离开。

（5）手工加工钢筋时：①作业前应检查板扣、大锤等工具是否完好；②在工作台上弯钢筋时，工作台上的铁屑应及时清理，以防铁屑飞溅入眼；③切短于30cm的短钢筋必须用钳子夹牢，严禁直接用手把持。

2. 钢筋、预应力钢筋冷拉及钢绞线预拉

（1）冷拉设备应试拉合格并经验收后方可使用。

（2）冷拉设备及地锚应按最大工作物所需牵引力进行计算。成套冷拉设备应标明额定牵引力和冷拉钢筋的允许直径及延伸率。

（3）冷拉设备的布置应使司机能看到设备的工作情况。冷拉卷扬机的前面应

设防护挡板，否则应将卷扬机与冷拉方向成90°布置，并应用封闭式导向滑轮。

（4）冷拉前应检查钢丝绳是否完好，轧钳及特制夹头的焊缝是否良好，卷扬机刹车是否灵活可靠，平衡箱的架子是否牢固等，确认各部良好后方可使用。

（5）冷拉用夹头应经常检查，夹齿有磨损者不得使用。冷拉钢筋应上好夹具，发现有滑动或其他异常情况时，应先停车并放松钢筋后方可进行检修。

（6）冷拉粗钢筋的夹钳应具有防止钢筋滑脱时飞出装置。操作人员不得在正面作业。冷拉钢筋周围应设置防止钢筋断裂飞出的安全装置。

（7）冷拉预应力粗钢筋前，应复核冷拉设备的各个部件（地锚、滑轮、钢丝绳、卷扬机、轧钳、拉力表等）。钢丝绳及轧钳的安全系数不得小于6，地锚的安全系数不得小于9。

（8）冷拉时，沿线两侧各2m为特别危险区，严禁一切人员和车辆通行。

（9）张拉钢筋采用电热法时，应由专人负责，并应有防止触电的安全措施。

3. 钢筋搬运

（1）机械搬运钢筋时应绑扎牢固。

（2）多人抬运钢筋时，起、落、转、停等动作应一致，人工上下传递时不得站在同一垂直线上。

（3）在平台、走道上堆放钢筋应分散、稳妥，钢筋的总重量不得超过平台的允许荷重。

（4）搬运钢筋时与电气设施应保持安全距离，严防碰撞。在施工过程中应严防钢筋与任何带电体接触。

（5）吊运钢筋必须绑扎牢固并设溜绳，钢筋不得与其他物件混吊。

4. 钢筋安装

（1）主厂房框架、煤斗、汽轮机基座、水泵房等重要结构的钢筋制作、安装，应制订专项施工方案。

（2）预制钢筋骨架的绑扎：①容易失稳的构件（如工字梁、花篮梁）必须设临时支撑；②大型梁（如除氧框架梁）、板等应搭设牢固的、拆除方便的马凳或架子；③起吊预制钢筋骨架时，下方严禁站人，待骨架吊至离就位点1m以内时方可靠近，就位并支撑稳固后方可脱钩。

（3）现场钢筋的绑扎：①在高处或深坑内绑扎钢筋应搭设架子和马道，在高处无安全措施的情况下，严禁进行粗钢筋的校直工作及垂直交叉施工；②绑扎4m以上独立柱的钢筋时，应搭设临时脚手架，严禁依附立筋绑扎或攀登上下，柱筋应用临时支撑或缆风绳固定；③绑扎大型基础及地梁等的钢筋时，应设附加钢骨架、剪刀撑或马凳。钢筋网与骨架未固定时严禁人员上下。在钢筋网上行走应铺设走道；④绑扎高层建筑的圈梁、挑檐、外墙、边柱等的钢筋时，应搭设外挂架或安全网，并系好安全带。

（4）穿钢筋应有统一指挥并互相联系。

三、混凝土工程

（1）集中搅拌站的布置。

1）应制订专项施工方案，设计、计算、安装图齐全，设备应有可靠的防风、防倾倒措施。

2）搅拌站附近应布设平坦的环形道路。搅拌站四周应设排水沟并随时清理，保持畅通。砂石堆场应有适当的坡度。

3）进料口、储料斗（罐）口应设安全隔栅或盖板。

（2）搅拌系统的运行。

1）集中控制室内的各种电源开关应挂标志牌，操作联系应采用灯光或音响信号。

2）运行前应检查各系统是否良好，并进行试运行。

3）运行中严禁用铁铲伸入滚筒内扒料清除皮带上的材料，或将异物伸入传动部分，运行中发现故障应停车检修。

4）停电后应切断电源，及时清理搅拌桶。

5）在送料斗提升过程中严禁在斗下敲击斗身或从斗下通过。

6）送料斗提升过程中，严禁从运行中的皮带上跨越或从其下方通过。

7）清扫闸门及搅拌器应在切断电源并挂“有人工作，禁止合闸”标志后进行。

8）下班后应切断电源，电源箱应上锁。

（3）散装水泥的装卸过程应密封，并装设除尘设施。使用压缩空气装卸时，安全阀应灵敏、有效，进、排气阀，轴承及各部件应完好，输气管路应畅通。混凝土运输设备应有防尘设施。

（4）采用刮斗式运料设备时，应经常检查钢丝绳的磨损情况。

（5）清理送料斗下的砂石，必须待送料斗提升并固定稳妥后方可进行。

（6）混凝土运输。

1）各种混凝土运输工具均应按规定路线行驶。采用自卸车、搅拌车运送混凝土时场区应有环形道路或回车场地。

2）用手推车运送混凝土：①运输道路应平坦，斜道坡度不得超过 1∶10；②脚手架跳板应顺车向铺设，固定牢固，并留有回车余地；③在溜槽入口处应设 5cm 高的挡木。

3）用机动车运送混凝土：①机动车司机应取得有关部门颁发的机动车驾驶证，并经考核合格后方可上岗；②车辆通过人员来往频繁地区及转弯时应低速行驶，场区内正常车速不得超过 15km/h；③在泥泞道路及冰雪路面上应低速行驶，不得急刹车，在冰雪路面上行驶时应装防滑链。

4）用吊罐运送混凝土：①钢丝绳、吊钩、吊扣必须符合安全要求，连接应牢固。罐内的混凝土不得装载过满；②吊罐转向、行走应缓慢，不得急刹车，下降时应听从指挥信号，吊罐下方严禁站人；③卸料时罐底离浇制面的高度不得超过 1.2m。

5）用泵输送混凝土时，操作人员不应站在出料口的正前方或建筑物的临边。输送管的接头应紧密可靠，不漏浆，安全阀必须完好，固定管道的架子应牢固。输送前应试送。检修时必须卸压。

（7）混凝土浇筑。

1）浇灌混凝土前应先制定运输及浇灌施工措施，检查模板及脚手架的牢固情况。运输道路应畅通。

2）当混凝土浇筑高度超过 3m 时，应使用溜槽或串筒。串筒之间应连接牢固。串筒连接较长时，挂钩应予以加固。严禁攀登串筒疏通混凝土。

3）往混凝土中加放块石：①块石应吊运或传递，当下方有人作业时，不得向下抛扔；②块石不得集中堆放在已绑扎的钢筋上或脚手架上。

4）在隧道及深井（坑）内浇筑混凝土应有通风设施，上下应有联系信号。

（8）振捣作业。

1）电动振动器的电源应采用 TN–S 系统，装设漏电保护器，电源线应采用绝缘良好的软橡胶电缆，开关及插头应完整、绝缘良好。严禁直接将电线插入插座，做到“一机一闸一保一箱”。

2）使用振动器的操作人员应穿胶鞋、戴绝缘手套，不应站在出料口正前方。

3）搬移振动器或暂停作业时应将电源切断。

4）不得将运行中的振动器放在模板、脚手架或已浇筑但尚未凝固的混凝土上。

5）严禁冲击或振动预应力钢筋。

（9）混凝土预制构件上易存水的孔洞、凹槽等处严防积水。

（10）混凝土冬季暖棚法养护。

1）暖棚应经设计并绑扎牢固，并备有必要的灭火器材。

2）地槽式暖棚的槽沟土壁应加固，以防冻土坍塌。

3）混凝土养护期间应将烟或燃烧气体排至棚外，并采取防止烟气中毒和防火措施。

（11）采用电气加热法时。

1）电气加热区应设围栏并悬挂警告牌。

2）电气加热时钢筋不得带电，不得用触摸钢筋。分段浇灌混凝土时，钢筋应予以接地。

3）在电热部分进行浇灌或进行其他作业时应切断该段电源，并在电源开关处设置明显的“有人工作，禁止合闸”的警告标志并指定专人监护。

4）钢筋混凝土结构浇筑完成后，通电前所有人员撤离至安全区域。

5）洒水养护时应切断电源。

（12）混凝土采用蒸汽加热法时。

1）蒸汽锅炉应取得使用登记证，并应制定运行规程及安全管理制度，司炉人员应经培训、考试合格并持有特种设备作业人员证。

2）引用高压蒸汽作为热源时，应设减温、减压装置并有压力表监视蒸汽压力。

3）蒸汽管道应保温，阀门处应挂指示牌。

4）采用喷气加热法时应保持视线清晰。

5）只有在蒸汽温度低于40℃时工作人员方可进入蒸汽室。

（13）混凝土冬季养护测温。

1）取暖休息室与养护现场应保持通道畅通、照明充足。

2）电气加热法养护时，严禁带电测温。

四、构件吊装

（1）预制构件在吊装前强度必须达到设计要求并经验收合格。

（2）构件的吊点、吊索及吊环应经计算，并制定施工技术措施。

（3）构件应绑扎平稳、牢固，不得在构件上堆放或悬挂零星物件。吊起构件跨越障碍物时，构件底部与越障碍物之间的距离应在50cm以上。

（4）柱子起吊前，应在柱上设临时爬梯或工具式操作台并加安全自锁器专用安全绳。

（5）构件就位固定牢固后，方可脱钩。

（6）缆风绳跨越公路时，距离地面的高度不得低于7m，并应设安全警告标志。

（7）吊运过程中应设专人指挥，操作人员应位于安全可靠位置，被吊构件上严禁站人。

五、预应力混凝土工程

1. 千斤顶张拉

（1）张拉区10m范围内应设置围栏并悬挂“禁止通行”的警示标识。

（2）张拉钢筋时，两端严禁站人；操作时应站在侧面作业并采取可靠的安全防护措施。

（3）张拉钢绞线束的特制连接套筒，应定期检查其压力损失情况；与千斤顶连接时拉力中心应吻合，不应偏斜。

（4）油压千斤顶的支承座应使用平整的铁块衬垫并接触良好，严禁用螺母衬垫。支承座撑好后应将钢丝绳松掉。

（5）作业时，严禁拆换油管或压力表，在油泵工作过程中，操作人员不得离开岗位。

（6）工作结束后应切断电源。

2. 电热法张拉

（1）电气线路应绝缘良好，便于观察。

（2）电源设备及线路装设完毕，应经试验合格，方可开始作业。

（3）张拉时，操作人员必须戴绝缘手套，穿绝缘鞋，并应有可靠的防烫伤措施。张拉作业应由专人指挥，电源开关应由专人操作。

（4）被张拉钢筋两端的螺母与铁板、钢筋与铁板之间的绝缘必须良好。

（5）预应力钢筋的伸长率应预先计算，操作时应测量准确。

（6）电压不宜超过75V，作业地点应干燥，电热设备应有降温措施。

3. 预应力管制作

（1）管芯成型的电气设备接地应良好，信号清晰，操作方便，并配备事故按钮，进入芯模作业时，应使用行灯照明。

（2）管模使用前应检查电动机、振动器、机架等各转动部分完好。

（3）用电热法张拉预应力钢筋时，夹具应牢固，张拉小车及配重架四周应隔离；钢筋固定应在停车后，无预应力的状态下进行。

（4）预应力管的吊装和运输应有防止振动、碰撞和滑移的安全技术措施。

（5）压力喷浆作业。

1）作业前应检查喷浆机安全阀灵敏可靠、气压表指示正常，空气压缩机出口风量、风压满足作业要求。

2）压缩空气管和水管通过道路时应安设在地槽内并加盖保护，接头及阀门等应严密且安装牢固。

3）处理输料管堵塞故障时，应切断动力源，确认输料管疏通后，方可重新作业。

4）作业过程中，应按作业要求调整风压，严禁空气压缩机超压运行。

5）作业时在喷嘴的前面及左右 5m 范围内不得有人；暂停工作时，喷嘴不得对着有人的方向。

6）每班作业结束，应停止送风、送水，机体、仓内、输料管、喷嘴等清洗干净。

第四节　特殊构筑物

一、烟囱施工

（1）筒身施工时应划定危险区并设置围栏，悬挂警示牌。当烟囱施工在 100m 以下时，其周围 10m 范围内为危险区；当烟囱施工到 100m 以上时，其周围 30m 范围内为危险区。危险区的进出口应由专人管理。

（2）烟囱出入口应设置安全通道，搭设安全防护棚，其宽度不得小于 4m，高度以 3 ～ 5m 为宜。施工人员必须由通道内出入，严禁在通道外逗留或通过。

（3）材料及半成品宜堆放在危险区以外，设置在危险区内的设备，必须有可靠的防护措施。

（4）烟囱施工井架必须安装防雷装置，接地电阻不得大于 10Ω。

（5）采用竖井架施工时宜搭设防护层。防护层设置间隔宜为 20m，或与筒壁内牛腿标高一致。

（6）筒身采用无井架滑膜施工时，可以用灰斗平台代替筒身内的防护层。平台上应铺设煤渣、黄砂等防滑物，定期清理杂物。

（7）各类防护层的搭设。

1）灰斗平台较高时，平台下应搭设防护层。

2）操作室和混凝土料斗上部应搭设防护层。

3）防护层或灰斗平台施工作业时，应停止防护层上部其他作业。

4）筒身内外垂直交叉作业时必须有防护措施。

（8）金属竖井架的使用。

1）管材在组装前应进行检查，不得有锈蚀、裂纹等缺陷。

2）工作平台的允许载荷应经设计确定，并悬挂载荷警示标识。

3）工作平台上铺设的木板与横木必须连接牢固，横木与钢圈宜采用抱箍螺栓连接方式，连接应牢固。平台木板厚度应不小于50mm，铺设平整。

4）提升工作平台应统一指挥，升降应平稳、均匀。

5）罐笼应有安全制动器并定期检验合格，严禁人货混载。

6）施工人员应从井架内的爬梯上下，并应设安全自锁器作为垂直保护，严禁沿钢丝绳或竖井架攀登。内爬梯靠料斗一侧应设防护网。

7）竖井架的一个节点上不应同时挂两个滑车。

8）吊架应经负荷试验合格，其外侧应设栏杆，两侧和下部应设安全网。

（9）筒身采用无井架滑膜施工时，井架平台的设置：

1）井架、平台及吊架应有设计、计算、设计详图、安装说明等技术资料，动载系数不小于1.3。

2）施工平台应经1.25倍额定负荷试验合格后方可使用。

3）千斤顶严禁超载使用。

4）门架间距一般为1.5～1.7m，最多不得超过1.9m。

5）施工平台组装时，外半径应比烟囱外半径大1m。

6）施工平台上铺设的脚手架应选用50mm厚的优质木板，并应逐块进行检查。平台铺设应牢固、平稳。

7）平台及吊架的下方及内外侧均应设置全兜式安全网，并随筒壁升高及时调整，使其紧贴筒身内外壁。安全网内的坠落物应及时清除。

8）平台四周应设置1.2m高的栏杆，并围以孔眼不大于20mm的铁丝立网或安全网立网。在扒杆部位下方的栏杆应用管子或角铁加固。

9）平台上的扒杆或平吊臂应规定起重量。其吊钩应有防脱钩装置，扒杆宜在平台上由专人操作，由专人指挥。

10）平台下辐射梁两槽钢间的缝隙应铺满木板。

（10）筒身采用滑膜施工时，吊笼使用的要求：

1）上下信号必须一致，除音响信号外还应设灯光信号。

2）吊物与乘人的吊笼必须分开，无论是单吊笼还是双吊笼均须严禁人货混装。

3）乘人吊笼的乘载人数应经计算确定，严禁超载。上下时，人体及物件不得伸出笼外；吊笼内部应设乘坐人员用的扶手。

4）乘人吊笼的钢丝绳安全系数不得小于14。

5）井架上部必须装设限位开关，且不得少于两道；井架顶部应设置一道机械极限限位；吊笼底部应装设缓冲装置或自动停止装置。

6）吊笼应采用双筒卷扬机或两台同型号的卷扬机，制动器必须可靠，除电磁制动器外，还应有手动制动器。卷扬机应设超负荷制动装置。钢丝绳必须受力均匀；卷扬机房（棚）内应设专人防护。

7）吊笼设置自动制动装置时，使用前必须对制动装置断绳保险试验，使用中应定期检查抱刹块的磨损情况，并按规定及时更换。

8）乘人吊笼两侧应设保险钢丝绳，吊笼进出口处应设两道铁链防护，其他三侧用钢丝网封闭，吊笼上部的四角应做成圆形的，与平台内钢圈的间隙以150mm为宜。

9）吊笼应由专人操作，持证上岗，严禁无关人员进入操作室。

10）钢丝绳、导轮、滑轮、绳卡及地锚等均应按有关规定执行，并由专人负责经常性检查、维护。卷扬机留在滚筒上的钢丝绳不得少于5圈。卷扬机使用时应有专人监护。

11）运行中禁止开启吊笼门。

（11）滑模施工。

1）经常调整水平和垂直偏差。

2）扒杆弯曲应及时调整加固。

3）每班的施工速度必须得到控制，严防混凝土塌落。

（12）钢内筒安装。

1）应制定专项施工安全技术措施。

2）基础验收合格后方可进行安装工作。

3）安装使用的起重机械、液压设备、气动装置应按照《电力建设安全工作规程　第1部分：火力发电》（DL 5009.1—2014）的规定执行。

4）采用起重吊装法施工时，起重机械基础载荷能力应经设计计算。

5）采用液压顶升法或提升法安装时，单台液压顶升或提升设备的工作载荷不得超过额定压力；多台顶升或提升设备同时工作时，其设备性能应相同，最大载荷不得超过设备允许总额定载荷的80%。顶升或提升前，设备应按说明书调试合格。

6）采用液压提升法施工时，钢绞线切割应采用机械切割。

7）采用气顶倒装法安装时，顶升压力不得超过逐节顶升的计算压力；顶升前，气顶设备应调试合格。

8）筒体上应设置导向止晃装置。

（13）夜间施工必须有足够的照明，行灯照明电源须采用安全电压，严禁将电源线直接绑扎在金属构件上。高100m以上的井架顶部应装设航空指示灯。筒身施工宜备有备用电源。

（14）平台上应配备适量的灭火装置或器材。易燃品应妥善保管，在平台上进行电焊或气割时，应选择适当位置并采取防火措施。

（15）平台上多余的钢筋、模板等杂物必须在交班前清理干净，用扒杆或吊斗送下，禁止向下抛扔。

（16）采用滑动模板工艺施工时，其脱模强度不得低于0.2MPa。

（17）采用电动（液压）提模施工时，受力层混凝土强度值应根据平台荷载经过计算确定，低于该值时不得提升平台。

（18）夏季、雨季施工时，应注意天气变化情况，可能出现雷击危险时，作业人员应立即撤离。

（19）烟囱工程施工时，以下工作必须填写安全施工作业票：

1）施工平台试压，扒杆试吊。

2）外平台安装。

3）乘人吊笼超载试验。

4）施工平台调整。

5）施工平台和井架拆除。

（20）施工平台及井架拆除。

1）划定施工危险区并设围栏，挂警示牌，派专人监护，禁止无关人员和车辆进入。

2）拆除前，应将平台平稳放置在烟囱筒壁上。拆除所用绳扣、钢丝绳、链条葫芦及其他机具应检查合格。

3）临时预埋铁件应经过计算，焊缝应检验合格。

4）拆除工作应统一指挥，分工明确，通信畅通；拆除人员安全带应系挂在可靠处。

5）拆除部件应随时吊下，小型零件吊运应使用接料筒，严禁抛扔，吊下的物件应及时转运。

（21）拆除筒壁模板时应采取可靠的防坠落措施。

二、冷却水塔工程施工

（1）水塔施工周围30m范围内为危险区，应设置围栏，悬挂警示标识，禁止无关人员和车辆进入；危险区的进出口应设专人管理。

（2）水塔进出口应设置安全通道，搭设安全防护棚，其宽度大于6m，高度3～5m为宜。施工人员必须由通道内出入，禁止在通道外逗留或通过。

（3）材料及半成品宜堆放在危险区以外，在危险区内的设备，必须有可靠的防护措施。

（4）提升井架、吊桥、缆风绳及地锚应经设计计算。

（5）水塔施工必须安装防雷装置，接地电阻不应大于10Ω。

（6）盘道架周围应保持整洁，不得堆放易燃物，道路应保持畅通；水塔、贮水池及盘道周围应做好排水措施；盘道架应定期检查，大风雨后应重新检查。

（7）吊桥的提升必须统一指挥。提升后必须与井架卡牢。吊桥四周应设高1.2m和中间栏杆与上、下构件的间距不大于500mm两道栏杆。吊桥铺板应采用50mm厚的优质木板并固定牢固，搭接长度不得小于500mm。铺板禁止任意拆除或搬动。

（8）施工人员禁止乘坐混凝土吊斗上下。

（9）悬挂式操作架的使用。

1）操作架应经设计，焊接应牢固。

2）操作架的施工荷载不应超过设计规定，一般为380kg/m^2。浇灌混凝土时，施工前荷载应均匀，不得集中在一侧。

3）操作架安装时，螺母必须拧紧，栏杆应完整、牢固，使用过程中应有专人进行检查、维修。

4）施工人员必须系安全带，安全带应拴在靠模板一侧的立杆或横杆上，不得拴在其他杆件上。

5）在操作架下层工作时，应从指定地点上下，禁止任意攀越，上、下过程不得失去保护。内外操作梁必须设全兜式安全网。

6）三角形吊架应悬挂牢固，吊钩应设锁环。拆三角架或模板时，必须使用吊脚手架。禁止从将要拆除的架子上跨越。

（10）装卸操作架（三角架）与模板时，作业人员应背工具袋，撬棍应用绳系牢，工具、拆下的模板与零件应分散、均匀堆放。

（11）拆除模板时，其下一节的筒壁混凝土强度必须达到施工技术规范的强度要求。

（12）塔身施工所用的移动照明电源应采用安全电压，电源线路应固定，并由专人定期进行检查和维护。

（13）严禁筒壁和淋水装置施工交叉作业。

（14）筒壁滑模施工。

1）操作平台、吊桥及吊架须经设计计算，平台荷载不得超过规定，人员不得集中在一侧工作，材料、器具等应分散、均匀堆放。

2）平台上不得堆放易燃物，并应配备适量的消防器材。

3）爬升架提升前，应对混凝土强度进行检验，满足设计强度要求后方可提升。

4）所有电气装置必须可靠接地。

5）内外脚手架必须设置安全网并拴挂牢固。组装滑升结构时，应对架子进行检查后方可攀登。

6）使用升降机、混凝土吊斗和扒杆等应有统一的联系信号。安全制动装置应由专人定期检查、维修。

7）在吊桥及系统提升过程中，升降机及吊桥均不得使用。

8）吊装门架时，禁止人、物同时起吊。拆除门架时，扒杆每次挪动后应固定牢固。导向滑车走绳应正确，不得与混凝土摩擦。吊装及拆除工作应由专人统一指挥。

9）爬升架提升完毕，停电或电动机发生故障时，立即插好安全销。

（15）风筒翻模施工。

1）在操作架（三角架）下层作业时，应从指定地点上下，上下处设置爬梯。作业完毕及时将盖板复原。

2）操作架（三角架）应经过设计计算，须设置斜支撑和水平连杆。各杆件之间应连接可靠。每次安装时，应对杆件和连接螺栓逐根检查，发现开裂、破损、弯曲、丝扣损坏等不得使用。

3）内外操作架（三角架）须布设全兜式安全网，操作架（三角架）上的脚手板，应铺平垫实。

4）操作架（三角架）拆装前，应对混凝土强度进行检验，满足设计强度要求后方可拆装。

5）风筒施工照明电源应采用安全电压。

6）拆模须里外模板同时进行。

（16）金属井架基础、中心、缆风绳及天轮等应定期检查合格。

（17）安全网布设。

1）塔内15m标高处宜设一层全兜式安全网。

2）塔外壁10m标高处宜设一圈宽10m的安全网。

3）顶层操作架的外侧应设栏杆及安全网。

4）钢制三角形吊架下应设兜底安全网。

（18）水塔内壁防腐涂料喷刷。

1）应制定可靠的防中毒措施。

2）采用空气压缩机喷涂时，疏通喷嘴时禁止对着人。

3）手沾涂料时不得操作电气开关及空气阀。

三、沉井工程施工

1. 沉井土方开挖

（1）人工开挖时必须设置牢固的爬梯。用机械吊运土方时，挖土人员应远离吊运区域下方，严禁在吊钩的正下方站立或通过。

（2）人工开挖上下交叉作业时，应有隔离保护措施。照明应充足，行灯电压不得超过12V。

（3）井内隔墙上应设有供潜水员通过的预留孔，井内障碍物及插筋应清除。

（4）井内应搭设供潜水员使用的浮动平台。潜水员的增压、减压及职业病防治应按有关规定执行。

（5）空气压缩机的贮气罐应设有安全阀。有潜水员工作时应有滤清器。进气口应设在空气洁净处，供气控制应有专人负责。

（6）作为水中作业用的或作为降水措施的空压设备或真空设备，其备用量应为实际需要量的一倍。

2. 沉井工程施工

（1）沉井承垫木的规格及铺设方法应按总荷载计算确定。

（2）必须待混凝土达到设计强度后方可抽出承垫木。

（3）抽、拔承垫木应按施工措施规定的顺序进行。抽、拔时严禁人员从刃脚、底梁及隔墙下通过。

（4）沉井的内外脚手架若不能随沉井下沉，则应与沉井的模板、钢筋分开。井字架、扶梯均不得固定在井壁上。

（5）沉井井顶周围应设防护栏杆，沉井下沉前应把井壁上的栏杆螺栓和铁钉割掉。

3. 沉井在淤泥质黏土中下沉或沉井突然下沉时应采取的安全措施

沉井在於泥质黏土或亚黏土中下沉时，井内的工作平台应采用活动平台，不得固定在井壁、隔墙或底梁上。沉井发生突然下沉时，平台应能随井内涌土上升。

4. 采用井内抽水强制下沉时或沉井由不排水转为排水下沉时及在汛期进行沉井施工时应采取的安全措施

采用井内抽水强制下沉时，井上人员应离开沉井，不能离开时应采取安全措施。沉井由不排水转为排水下沉时，抽水后就通过观测，确认沉井稳定后方可下井工作。

在汛期进行沉井施工时，应与当地气象部门及上游水文机关直接取得联系，准备足够的防汛器材，并应有保证施工人员因停电或其他自然灾害等遇险时能立即撤离危险区的措施。

四、顶管工程施工

（1）顶管施工前应查明顶管沿线地下障碍物的情况，对管道穿越地段上部的房屋、桥梁等结构物必须采取安全措施。

（2）吊装顶铁或钢管时，严禁在吊臂回转半径内停留。往作业坑内下管时应有保险钢丝绳，并缓缓地将管子送入导轨就位。

（3）在拼接管段前或因故障停顿时，应及时通知工具管头部操作人员停止冲出泥土。在长距离顶管施工中应加强通风。

（4）因吸泥莲蓬头堵塞，水力机械失效等需要打开胸板上的清石孔进行处理时，必须采取防止冒顶塌方的措施。

（5）管子顶进或停止应以工具管头部发出的信号为准。顶进系统发生故障时，应发信号给工具管头部的操作人员。

（6）顶进过程中严禁站在顶铁两侧操作。

（7）工具管中的纠偏千斤顶应绝缘良好，操作电动高压油泵应戴绝缘手套。

五、取水构筑物施工

（1）施工前应具备下列资料：①施工区域的地质、地下水位、水质、流向及渗透系数等；②水位、流速、浪高、潮位和历史最高、最低水位资料，在寒冷地区应有河流结冰厚度、冻融期流冰最大尺寸及其流速等资料；③雨季起讫日期，暴雨情况，连续最大降雨量；④附近区域内的航道及航运情况。

（2）施工过程中应与当地气象台、水文站取得联系，及时掌握气象和水文变化情况。

（3）取水泵房工程地下部分施工，宜安排在枯水季节或地下水位较低时进行。

（4）凡在原有建（构）筑物、铁路、公路附近进行取水泵房施工时，均应采取保证原有建（构）筑物安全的措施。

（5）围堰在施工期间应加强观察、维护和必要的维修。

（6）围堰拆除应制定安全可靠的拆除方案及措施。

（7）基坑开挖的规定：①基坑开挖应按《电力建设安全工程规程　第 1 部分：火力发电》（DL 5009.1—2014）中的土石方、爆破工程等相关条款的要求进行；②施工过程中对基坑边坡应经常进行检查，若发现异常情况应及时采取措施予以处理；③基坑边坡顶上的施工机械，应按边坡稳定性计算所规定的位置设置，不得超越规定位置或移向边坡的边缘；④基坑挖出的土方应运至指定地点堆放。堆放位置与基坑边缘的安全距离，应通过边坡稳定性计算决定，一般不少于基坑浓度的 1.5 倍。

六、贮灰坝施工

（1）贮灰坝施工应编制施工方案，施工过程中应加强沉降观测。

（2）度汛与排水：

1）山谷贮灰场和江、河、湖、海滩（涂）灰场跨越汛期施工时，必须安排好灰场汇流面积内的泄洪和施工区域的排水，并制定度汛技术措施。

2）当度汛需要设置穿越坝体的临时排洪涵管时，其结构和施工质量均应满足坝体安全和度汛泄洪的要求，并应防止上游的木料等漂浮物堵塞涵管。工程完毕后临时排洪涵管应可靠地予以封堵。

3）根据施工期间降雨强度建立排水系统，保证雨水及时排泄。

4）施工期间应加强对泄洪设施和排水系统的维护管理。

（3）坝基与岸坡处理一般应自上而下进行，不得采用自下而上或造成岩体倒悬的开挖方式。当坝基范围比较开阔且无上下干扰时，岸坡和坝基可同时施工，但应采取可靠的安全施工措施。

（4）取料：

1）取料时的开挖应按土石方工程和爆破工程的有关规定执行。

2）运输道路：①道路应充分利用地形，尽可能使重车下坡或减少上坡；②道路应尽量采用环形线路，减少平面交叉，交叉路口应设安全栅栏和标志；③加强运输道路的养护工作，特别是泥结碎石路面，应经常保持路面平整，排水沟通畅；④运输道路通过原有桥梁或涵洞时，应了解其限载，若必须超载时，应进行验算，必要时应采取加固措施。

3）在坝区附近取料：①坝肩上下游不得取土。必要时取土范围必须在坝肩坡脚线 50m 以外，并保持坡度的稳定性。分期填筑子坝时，应在最终坝肩坡脚线 30m 以外取土。②在坝脚处的取土，坝高等于或小于 5m 时，应离开坝脚填筑边线 10m 以上；当坝高大于 5m 时，一般应大于两倍坝高。③取土深度不应大于坝高的一半，否则离开坝脚的距离应通过核算确定。④当坝基为软土时，取土边线应满足设计要求。

（5）坝体填筑：

1）运输、平土和碾压的操作人员应通过培训，统一操作方法，并经考试合格后方可参加操作。

2）施工前应检查碾压机具的型号、规格是否符合要求。施工期间应定期检查碾重，对用气胎碾压的气胎压力应每周检查一次或两次。

3）压实机械及其他重型机械在已经压实的土层上行驶时，不宜来往同走一辙。

4）土坝临时坡面应做好排水。土坝填筑面应中部凸起向上、下游倾斜，斜墙的填筑面应稍向上游倾斜，以利于排泄雨水。

5）冬季施工前应编制坝体冬季施工方案，做好料场选择，并采取适当的保温防冻措施。

七、空冷岛施工

（1）空冷岛结构柱及设备吊装应编制专项安全技术措施，并设专人监护。

（2）空冷岛施工区域应设置围栏，设立警戒区封闭管理，并悬挂安全警示标识。

（3）材料及半成品宜堆放在警戒区以外，设置在警戒区内的设备，必须有可靠的防护措施。

（4）空冷立柱施工脚手架必须在验收合格后方可使用，并随施工进度分段验收。

（5）空冷柱盘道架周围应保持整洁，不得堆放易燃物，通道应保持畅通。基础应做好排水措施。

第五节　砖石砌体与装饰工程

一、砖石砌体施工

砖石砌体施工的要求包括：

（1）严禁站在墙身上进行砌砖、勾缝、检查大角垂直度及清扫墙面等作业或在墙身上行走，不得用砖垛或灰斗搭设临时脚手架。

（2）墙身砌体高度超过地坪 1.2m 以上时，应搭设脚手架。采用外脚手架应设防身栏杆和挡脚板后方可砌筑。采用里脚手架砌砖时，必须安设外侧防护墙板或安全网。墙身每砌高 4m，防护墙板或安全网即应随墙身提高。

（3）用里脚手架砌筑突出墙面 30cm 以上的屋檐时，必须搭设挑出墙面的脚手架进行施工。

（4）脚手板上堆放的砖、石材料距墙身不得小于 50cm，荷重不得大于 $270kg/m^2$，砖侧放时不得超过三层。

（5）轻型脚手架（吊脚手架、挑脚手架）上一般不得堆放砖、石。必须堆放时，应先进行强度计算及试验。

（6）使用滑轮起吊砂浆和砖时，应检查其稳固性。吊升时不得碰撞脚手架。砂浆及砖吊上后应用铁钩向里拉至操作平台上，不得直接用手牵引吊绳。

（7）在高处砍砖时，应注意下方是否有人，不得向墙外砍砖。下班时应将脚手板及墙上的碎砖、砂浆清扫干净。

（8）吊装大型砌块时，应根据重量和装卸斗半径选择吊装机械，严禁用夹钳吊装砌块。砌块吊至墙面后，应待放置平稳、灰缝对正后方可松钩。

（9）采用井字架（升降塔）、门式架起吊砂浆及砖时，应明确各项联络信号。吊笼进出口处应设带插销的活动栏杆，吊笼到位后应采取防止坠落的安全措施。

（10）山墙砌完后应立即安装桁条或加设临时支撑。

（11）搬运石料和砖的绳索、工具应牢固。搬运时应相互配合，动作一致。

（12）往坑、槽内运石料时不得乱丢，应用溜槽或吊运，卸料时下面不得有人。

（13）在脚手架上砌石不得使用大锤。修整石块时，应戴防护眼镜，严禁两人对面操作。

（14）禁止用手向上抛砖运送，人工传递时应稳递稳接，两人作业位置应避免在同一垂直线上。

二、装饰工程施工

（1）室内装饰装修。

1）不得在易损建筑物或设备上搁置脚手材料及工具。

2）不得将梯子搁在楼梯或斜坡上工作。

3）严禁站在窗台上粉刷窗口四周的线脚。

4）在高处粉刷应搭设脚手架。

5）室内抹灰使用的木凳、金属支架应搭设稳固，脚手板跨度不得大于2m，架上堆放材料不得过于集中，在同一跨度内施工的人员不得超过两人。

6）施工区域照明应充足。在狭窄作业场所操作时，应设专人监护。

（2）外墙装饰装修。

1）索具、手扳葫芦应检验合格后使用。

2）安全绳与工作索具应分别固定在不同的固定点上且应牢固可靠。在建筑物的凸缘或转角处应垫有防绳索磨损的衬垫。

3）安装门、窗、玻璃与油漆施工时，严禁操作人员站在樘子、阳台栏板上操作。

4）门、窗临时固定与封填材料没有达到强度时，严禁手拉门、窗进行作业。

5）使用吊篮时应遵守《电力建设安全工作规程　第1部分：火力发电》（DL 5009.1—2014）中5.2.7第4款的规定。

（3）进行磨石工程时应防止草酸中毒。使用磨石机时，操作人员应戴绝缘手套，穿绝缘靴。

（4）进行仰面粉刷时，应采取防止粉末、涂料等侵入眼内的措施。

（5）在调制耐酸胶泥和铺设耐酸瓷砖时，应保持通风良好，作业人员应戴耐酸手套。

（6）进行机械喷浆、喷涂时操作人员应佩戴防护用品。压力表、安全阀应灵敏可靠。输浆管各部接口应拧紧卡牢，管路应避免弯折。

（7）输浆应严格按照规定的压力进行。发生超压或管道堵塞时，应在停机泄压后进行检修。

第六节　锅炉安装

一、锅炉钢结构安装

（1）安装时应在临时上下较为频繁的地点安装速差防坠器。

（2）参加作业人员应经体检，符合高处作业要求。

（3）安装过程中，在炉的一侧设立安全通道，另一侧的平台、爬梯应及时安装，且栏杆齐全；安全通道上方一般应避免施工或切割物件，若无法避免时，应采取隔离措施，使在通道行走的人员不受危害。

（4）每根立柱安装前，在立柱上方四角螺栓孔上装四个挂环，供立柱找正及施工人员挂安全带用，施工人员上、下立柱依靠的角钢制的临时梯子，安装要牢固可靠，梯子的一侧应拉钢丝绳或尼龙绳，用自锁器保障工人上、下梯子时的安全，且在立柱起吊前装好。

（5）横梁安装，起吊前在地面装上滑动吊架，以便施工人员进行找正及高强螺栓施工。

（6）立柱对接处的高强螺栓安装，施工人员应站在组合式柱头托架上，安全带扎在吊挂环上。

（7）施工中高强螺栓的梅花头拧下后，不得乱扔、乱放，应收集在铁盒或工具袋中。

（8）在每层钢架安装结束后，要立即装上安全网，然后再进行上层钢结构安装，安全网必须悬空绑在牢固的结构上。

（9）高空作业中施工所用工具、扳手、手锤、千斤顶等，使用时应用保险绳绑在牢固结构上，小型工具系上工具绳，不用时放在工具袋中，防止坠落伤人。

（10）冬季吊装要采取防滑措施，经常行走的通道要及时清理冰雪，以保证施工人员行走的安全。

（11）在杆件吊装未就位时，施工人员不准站到安装位置附近。

（12）施工人员必须严格按照施工组织设计大件吊装顺序进行，在上道工序未完善、安全网等设施未铺设前不准进行下道工序施工。

（13）为保证安全施工，还应设置一些简易的安全设施，如起重工器具存放平台、临时角钢梯子、拖拉绳、安全带挂环，柱接头组合托架、梁柱接头安装滑动吊架、手扶安全绳、活动式栏杆等。

（14）安全监察人员要对施工现场全面了解，并参加施工项目开工前的安全技术交底，认真审查作业指导书，查找漏洞，根据实际情况实施有效的监察：①钢结构大件吊装时应设禁区，由专人监护，并挂警示牌；②上升的垂直通道应畅通；③高空作业时安全设施应齐备；④吊装钢架、梯子、平台的施工人员及起重指挥人员的站位要得当。

二、锅炉汽包安装

（1）汽包吊装的施工方案经有关技术人员（包括安监人员），审核、审定，总工程师批准后方可实施。

（2）施工前的安全技术交底，必须有安监人员参加，并指出危险点，采取相应的防范措施。

（3）特制的起吊用具应按技术图纸制作，完成后要经过有关技术人员仔细检查，验收合格后方可使用。

（4）吊装汽包所用的滑轮组要经过检修，并经过试验检查，确认完好后，方可使用。

（5）吊装汽包所用其他工器具，如卷扬机、倒链、钢丝绳扣等都要经过仔细检查，确认良好后使用。

（6）起重机械的工况均应处于良好状态。

（7）在汽包起吊之前应在汽包上部管接头之间绑扎脚手杆并在汽包上部设置安全扶绳。汽包起吊时，先以点动的形式使汽包吊离地面 50mm 检查各机械、钢结构及钢丝绳受力情况，情况良好，方可起吊。

（8）在汽包吊装就位的施工期间，锅炉间沿吊装路线与汽包吊装无关的施工，应暂时停止工作。

（9）指挥人员信号要明确，使用的联系工具要保证完好，指挥人员要与起重机操作人员经常保持联系，并报告吊装情况，操作者及时回音，防止联系工具失灵。

（10）汽包在垂直起吊期间，锅炉间规定范围内为禁止通行区，做出明显标志并由专人监护，与汽包吊装无关人员不得入内及通行。

（11）汽包吊到一定位置时，要进行检查，确认无刮、碰，方可继续提升。

（12）锅炉顶板上应有人进行全面监护，特别是起吊机具的钢结构部分、主绳与钢梁有无摩擦，滑轮工作是否正常，有无异常响声。

（13）在汽包起吊过程中，钢架两侧应有人监护，保证汽包不能与钢架及其他设施相碰。

（14）汽包起吊时，周围电焊机应停止使用。

（15）汽包吊杆穿装完成并固定好后，方可放松卷扬机绳，拆卸起吊用具。

（16）整个施工过程要有专人负责指挥，所有工作人员均应服从统一指挥。

（17）准备工作就绪后，应进行一次由有关领导组织的联合大检查，包括汽包起吊工器具、钢丝绳、各种钢结构及钢架安装情况等，并由有关领导下达起吊命令。

三、锅炉受热面安装

（1）锅炉受热面的设备体积大、吨位高，所用起重设备（如塔式炉顶吊、卷扬机、电动葫芦、倒链、千斤顶等）较多，拖拉、起吊、就位难度较大，要求起重指挥人员要具有较高的业务水平及施工经验，并有两种以上通信手段，口令清晰准确，以满足安装需要和安全要求。

（2）顶棚过热器、再热器联箱以及尾部省煤器的安装。锅炉顶棚设备、管道比较集中，作业区也比较狭窄，施工人员比较拥挤，顶棚作业区和锅炉钢架之间应搭设安全通道及围栏，悬空部分应铺以安全网，管道施工人员在进行联箱、省煤器管道焊口对接时，要注意自身所处的位置，严禁将所割和打磨掉的小物件随处乱放，要集中堆放，统一清理，避免落下伤人。在过热器、再热器就位拖运时，施工小组应设专人监护卷扬机、钢丝绳的运行情况，设备就位后立即将吊杆等悬挂装置安装上，确认牢固后，方可放下或拆除起重工具。

（3）水冷壁与受热面的安装。锅炉水冷壁面积比较大，吊装困难，易发高空坠落、物体打击以及机械伤害等事故。主要安全设施为炉内环形升降工作台（吊盘）：①水冷壁组合后应立即安装排管接口处的施工用脚手架，焊接的角钢要仔细检查，跳板绑扎要牢固，并设手扶水平安全绳和围栏，起吊前应对吊点焊缝进行全面的检查，所用钢丝绳不可直接缠绕在水冷壁排管上，应垫以管皮或方木，起吊离地面100mm时要停留一段时间，检查绳索倒链以及吊点的受力情况和水冷壁变形情况，确认可靠方可正式起吊就位，并设专人监护。②水冷壁对口时应注意检查倒链的受力情况，不得超载；用电动砂轮和竖向砂轮打磨时，要佩戴防护眼镜；利用气割修整管口时，要注意下方施工人员，必要时，采取隔离措施。

③水冷壁整体形成以后，进行炉膛内焊口焊接、拼缝以及调整过热器、再热器悬挂装置时，一般采用炉膛内吊盘作业。使用时卷扬机、钢丝绳以及挂在顶部的导向滑轮组和钢丝绳都要设专人检查监护，严禁同电焊线、电源线接触；炉膛人孔门处应设专人监视吊盘的运行情况；吊盘上的电焊线及电动工具要设专人负责监管，作业时要具备充足的照明，并且要采用行灯。④折焰角处受热面施工区域比较特殊，施工前应在折焰角底部水平面搭设脚手架，并在折焰角与两侧平台间，搭设安全通道和安全围栏，以便于行走和施工。⑤在水冷壁安装的同时，应立即在各层间安装钢性梁形成整体，以增加强度，安装过程中，每层间钢梁下铺以安全网。⑥水冷壁下联箱安装时，要注意整体的稳定性，吊装就位时应满足大件吊装的要求。⑦锅炉汽包降水管道安装。汽包降水管道位于炉前，从汽包出口直至下联箱，四周悬空，安装时应重点加以监护。施工中需要临时存放、悬挂的物件要有稳固的措施。工作时要逐层搭设脚手架。⑧锅炉水压试验是锅炉安装过程中一个较为重要的施工工序，要制订具体的试验方案和安全措施，严格执行工作票制度，试验检查人员要两人以上为一组，严禁一人单独作业，指挥人员要确认烟风道内无人时方可转动送、吸风机。

四、锅炉辅机安装

（1）锅炉间零米辅助设备（如捞渣机、送风机、磨煤机等）安装时，除对一般的钳工作业进行监护外，还应将主要精力放在设备的拖运就位以及交叉上面。大型机组的磨煤机在就位时，炉顶吊触及不到，主要依靠电动葫芦、卷扬机及倒链等拖运就位，这就要求配合的起重人员技术素质比较高，卷扬机及导向滑轮位置设计合理，吊具、索具应检查合格，施工区域应清理干净，卷扬机四周无杂物，划定施工界线，禁止无关人员通过或逗留。

（2）锅炉间零米作业不可避免地存在交叉作业，设备上方应铺设安全网等隔离设施，并悬挂安全警示标志。

（3）辅机设备的检修安装过程中，设备零部件的清洗、脱脂都需用汽油、煤油等易燃物；试运时，冷油器、油站及其管道都充满了油，因此安监人员应督促施工单位制定防火措施，现场配备足够的灭火器具，如干粉灭火器、沙子、铁锹等，并设专人管理。油区内禁止明火，如需动火作业应办理作业票，并通知有关部门，采取防止火灾的必要措施。

（4）炉水强制循环泵、引风机及回转式空气预热器，都不同程度地存在高处作业，应指派熟悉本专业的安装人员跟踪监察，及时发现问题，及时解决。

（5）空气预热器安装：①油站阀门应设专人操作，动作要准确缓慢；②转子正式起吊时，千斤顶放置处的施工人员及时在垫铁上添加垫板或塞入斜垫铁；③放置垫铁时，不许将手塞入垫块与中心筒之间；④冷端梁两侧应搭设牢固的平台，以便于作业；⑤临时支撑向外拖拉时，要对倒链等进行检查，并严格按规程操作；⑥向外拖时动作平稳缓慢，直至落到地面并垫以枕木；⑦转子正式顶起前，应充分做好准备工作，不允许中途中断作业，并禁止无关人员进入作业区；⑧设备梁与锅炉平台之间应搭设临时爬梯，以便于行走。

（6）电除尘器的安装：①交叉作业。在除尘器底部整体钢架形成以后要进行灰斗的吊装，而同时零米地面的辅助设备，如水冲式渣浆泵、管道、水磨石地面和外墙砌筑等都要同时进行施工，因此要求在灰斗平台铺满跳板，形成作业平台；灰斗出口要及时封堵，灰斗平台四周及时安装围栏，并在围栏外悬挂安全网，以避免高处落物和高处坠落。②施工用电。电除尘器内部均为金属结构，施工时严禁使用220、380V电源照明，应使用行灯，且电压不得超过36V；夜间施工，除尘器四角应配备镝灯满足照明的需要，电焊机的电源箱应设置在零米，并要有可靠的接地和保安装置，电焊线的接头要固定良好，并应定期检查。③极丝、极板的安装、校正，以及振打系统安装时，要在每根振打梁上设置水平手扶绳，工具、设备要放置稳妥，且应绑扎固定好；校正极丝、极板时，要用钢爬梯以及跳板形成作业平台，工作时要注意周围环境，以防止芒刺扎伤。④升压试验。电除尘在整体安装结束后要进行升压试验，电压高、时间长，要制订具体的升压方案。试验时要严格遵守“两票”规定；设专人进行监护，并划定警戒范围；试验前要清点人数，确认检查人员全部撤出后，方可进行升压；升压过程中现场指挥人员与单元控制室、试运指挥部及现场操作人员的通信联系要准确、可靠。

五、炉顶吊的安装与拆除

1. 炉顶吊安装

（1）炉顶吊的安装应制订较为具体的施工方案和安全技术措施，并经总工程师批准后，严格履行交底手续后方可施工。

（2）炉顶钢结构安装结束后，即可进行炉顶吊轨道的铺设，施工前应完善轨道两侧的围栏（不低于1.05m），装设踏脚板，沿行车轨道两侧的安全通道宽度不得小于40cm。

（3）安装炉顶吊大多采用塔式起重机，要求起重指挥人员与操作人员的联系信号清晰、准确，并且要有两种以上的指挥手段（如对讲机和指挥旗），防止因一种通信信号中断，而发生意外事件或吊车司机误操作事故。

（4）起吊行走机构、门架、回转部分、起重臂等体积较大、吨位重、重心偏差较大的部件时，要合理选择吊点，钢丝绳的安全系数要在14倍以上，且应注意工作前对吊点、索具进行检查；塔式起重机与炉结构之间应留有800mm以上的安全距离。

（5）炉顶吊安装至变幅架搬立工序时，变幅滑车应有专人监护，同时要保证变幅钢丝绳有充分的剩余，防止副钩超载；搬立过程中机台可做少量回转调整，以避免斜拉、斜吊。

（6）变幅拉索施工时，严防拉索突然坠下，把施工人员带下，施工人员不得站在变幅拉索圈内，作业时要系好安全带。

（7）临时梯等其他临时设施绑扎要牢固可靠，并设速差防坠器。

（8）炉顶吊安装结束后，需经负荷试验合格后才允许使用。

2. 炉顶吊的拆除

（1）炉顶吊的拆除工作难度大，危险程度高，应制订具体的施工方案和安全技术措施，经安监部门审查和总工程师批准，严格履行交底制度，方可施工。

（2）施工过程中，要严格按技术方案进行，并要有专人统一指挥。

（3）拆除过程中也应注意塔吊和炉整体钢架的相互位置，避免碰撞，安全距离要保证在800mm以上，并设专人监护。

（4）拆除平衡重、吊钩、变幅架、拉索、主起升机构以及回转设备时，应将机台的回转台临时固定好，以免机台倾覆。

（5）变幅绳放落过程中，应留有充分的余绳，避免塔吊的副钩超载。

（6）变幅拉索拆除时，施工人员不得站在钢丝绳圈内，严防钢丝绳突然下坠，将人带下。

（7）在拆除炉顶吊轨道及轨道钢梁时，应注意尽量采取松动螺栓的方法，尽可能不采取气割切除的方法，如需动用气割，应在切割点下方搭设防火隔离设施；作业人员的安全带不允许挂在轨道及被拆除的结构件上。

六、烟风道与煤粉管道安装

（1）合理组织施工。组合好的烟风道尽可能在锅炉构架吊装的同时，吊入相应的位置临时存放好，并采取安全可靠的措施，以防止烟风道倾倒或从高处滑落。

（2）在烟风道内部作业，如调整风门、安装挡板时，不允许一个人单独作业，烟风道外部应有专人监护，严禁私自进入烟风道内休息和进行与工作无关的事情，下班前应清点人数。

（3）烟风道内部作业，应采取行灯照明，电压不得超过 36V；安装临时上下爬梯或软梯，严禁攀登风道内部加强筋上下出入。

（4）烟风道、煤粉管道进行法兰连接、风门安装和冷拉口施工时，要搭设脚手架，使用链条葫芦、千斤顶等严禁超载或用力过猛，以免管道下落和施工人员坠落。

（5）烟风道、送风机、吸风机试运时，要严格执行“两票三制”，试运前彻底清理烟风道内的杂物，试运时，指挥人员要确认烟风道内无人时方可转动送、吸风机。

七、锅炉整体水压试验

（1）水压试验临时封头应经强度计算，封头不得采用内插式。

（2）试压泵周围应设置围栏，非工作人员不得入内。

（3）进水时，管理空气门及给水门的人员不得擅自离开岗位。

（4）升压前，施工负责人必须进行全面检查，待所有人员全部离开后方可升压。

（5）水压试验时，人员不得站在焊缝处、堵头的对面或法兰盘的侧面。

（6）在升压过程中，应停止试验系统上的一切工作。

（7）超压试验时不得进行任何检查工作，应待压力降至工作压力以下后方可进行。

（8）进入经水压试验后的金属容器前，应先检查空气门，确认无负压后方可打开人孔门。

八、筑炉和保温施工

（1）保温材料的包装箱、包装筐或草绳的拆除应在指定地点进行，并应有防火、防尘措施。

（2）装运保温材料的吊笼应符合下列规定：①应有电气保护、接地保护和避雷装置，并保持性能良好。卷扬机的制动器应灵活可靠。其卷扬部分应符合卷扬机的有关要求。②架设场地应平整、坚实。井架与脚手架之间应保留 2m 的距离，井架应设缆风绳并拉紧，四周应搭设防护网（栅）。③吊笼应适合手推车尺寸，便于装卸。吊笼的四角与井架不得互相擦碰，吊笼的固定销和吊钩必须可靠，并有防冒顶、防坠落的保险装置。吊笼严禁载人。④操作人员接到下降信号后，应确认吊笼下面无人员停留或通过时，方可下降吊笼。⑤使用中，应经常检查钢丝绳、滑轮、滑轮轴和导轨等情况，发现磨损应及时修理或更换。⑥下班后，应将吊笼降到最低位置，切断电源，锁好开关箱。

（3）砌砖和保温要求为：①裸露在保温层外的铁丝头应及时弯倒；②碎砖块、渣沫应及时清除，严禁向下清扫；③灰桶、耐火砖和保温材料就放在牢固稳妥的地方；④喷涂保温时，给料机与喷枪之间应有可靠的信号联系；在清理堵塞的喷枪及管道时，喷枪、管道口的对面严禁站人。

（4）用人工提吊保温材料时，上方接料人员必须站在防护栏杆内侧并系挂好安全带。

九、锅炉试运行

（1）严禁直接跨越输煤皮带。

（2）输煤皮带运行中，严禁用手清除粘在皮带滚筒上的煤或在端部滚筒处用人力阻止皮带跑偏。

（3）在落煤管的通煤孔内捅煤时，工具应置于身体的侧面。

（4）严禁进入储有煤粉的煤粉仓内作业。进入放空的煤粉仓内作业时，应先进行检查和试验，确认仓内一氧化碳等有害气体含量在允许范围内后方可进入；作业人员的安全带应挂在仓外牢固的结构上，仓外至少应有两人监护，并能看到仓内作业人员。

（5）用液态烃和乙炔点火时，储气瓶应放在防火、防爆的安全地带；安全阀、控制阀、表计等应齐全完好；操作时应有防止回火与爆炸的措施。

（6）热紧螺栓必须由熟练工人用标准扳手进行，严禁接长扳手的手柄。操作人员站立的位置应能防止泄漏的汽或水对人的伤害。

（7）处理阀门盘根泄漏时，紧螺栓应均匀缓慢地进行，检修人员应戴帆布手套。

（8）煮炉时碱液的配制与添加：①碱液箱应做严密性试验；②加水、加碱应缓慢进行；③碱液箱应加盖并放在安全可靠处；④配制碱液应在安全可靠的地点进行；⑤确认炉内无压力后方可向炉内注入碱液。

（9）开启锅炉看火门、检查孔及灰渣门应在炉膛负压下缓慢小心地进行，作业人员应站在门孔的侧面，并选好向两旁躲避火焰的退路。

（10）观察锅炉燃烧情况应戴防护眼镜或用有色玻璃遮住眼睛。在锅炉点火期间或燃烧不稳定时，不得站在看火孔、检查孔的正对面。

（11）安全门的调整必须由两名以上熟练工人在专业技术人员的指导下进行。

（12）调整重锤式安全门时，应有防止重锤滑脱和烫伤的措施。

（13）吹管的排汽口不得对着设备或建筑物。

（14）排汽管支架和固定支架的结构应能承受吹管时的最大推力。

（15）在排汽范围和操作场所应设警戒区。

（16）吹管排汽口必须装消音器，工作人员应佩戴耳塞。

（17）加氧冲管前，所有与氧气接触的零件必须脱脂，严禁沾染油污。

（18）加氧冲管时，氧气管道的阀门应缓慢开、关。

第七节　汽轮发电机组安装

一、汽轮机本体安装

（1）汽轮机转子、缸体等吊装专用工具应妥善保管，分类摆放，并应定期检查、保养。专用工具应按设计要求使用。

（2）在翻缸操作中，应用型钢靠下吊点处与缸体结合面固定好，防止结合面切割钢丝绳。

（3）转子起吊横梁上部千斤绳在初次使用时，应准确找好中间位置，否则起吊横梁侧向受力将过大。

（4）转子起吊横梁与千斤绳加减丝之间不允许采用两个卸扣对接的方式连接。

（5）在低压外缸上半组合过程中，缸内应搭设可靠的作业平台。

（6）吊装专用工具应认真进行检查，并经负荷试验合格后，方可使用。

（7）自制吊装专用工具应经认真核算，否则不得使用。

（8）将较重设备存放于非指定存放区域时，存放位置的结构应经核算，一般情况下设备应存放于指定区域。

二、发电机定子拖运、吊装

（1）定子装拖运平台时，定子重心要与拖运平台中心一致，中间垫点处应用木方楔实。

（2）定子与拖运平台间在适当位置成对焊接止退挡块，挡块应焊于拖运平台上。

（3）在拖运过程中，应严密监视拖运轨道两侧的沉降情况。

（4）在定子拖运至铁路桥边时，要及时把过桥支撑用支腿安装好，防止定子在铁路桥上产生不均匀沉降致使定子倾斜。

（5）定子拖运轨道终端应设置可靠的限位装置。

（6）吊装前在定子中心处挂好一线坠，用于观察定子吊装是否水平。

（7）定子吊笼两台卷扬机上的钢丝绳长度应基本一致，以保持起吊速度一致。

（8）定子拖运至就位位置后，将出线盒与定子连接，利用桥吊吊住定子端，保持定子平衡。

三、凝汽器拖运

（1）地基加固。凝汽器组合重量较大，组合平台地基应平整、夯实，垫碎石处理。

（2）升降平台加固处理。受升降平台使用性能所限，其侧向刚度较小，为防止拖运时产生的水平推力使其产生过大变形，升降平台四周应采取加固措施。

（3）升降平台立柱内装有干沙，采用同时向外排沙的方法达到降低标高的目的。因为升降平台施工工期较长，要采取措施防止干沙内进水，否则将造成排沙不畅，致使升降平台产生偏斜，甚至无法拖运至就位位置。

（4）凝汽器拖运至升降平台时，应超过就位平台 500mm，避免标高降的过大，无法拖运至就位位置。

（5）在升降平台降标高的过程中，要密切注意各立柱标尺所降标高速率一致，并不要过快。

四、管道安装

（1）用坡口机加工管子坡口时，坡口机应固定牢固并调整好中心，进刀应缓慢。

（2）人工凿坡口时应戴防护眼镜，对面不得站人。

（3）用管子板牙套管子丝扣时，台钳应固定在平稳的工作平台上，管子应支平、夹牢。松退板牙时，不得站在手柄对面。

（4）管子吊装就位后，应立即安装支架、吊架。支架、吊架应一次焊接牢固。未焊好前不得松钩。

（5）压缩支架和吊架弹簧的千斤顶应安放平稳。千斤顶的中心与支架（或吊架）的中心应对正，不得偏斜。

（6）在深 1m 以上的管沟或坑道中施工时，沟、坑两侧或周围应设围栏并派专人监护。

（7）在沟内敷设管道若遇有土方松动、裂纹、渗水等情况时，应及时加设固壁支撑，严禁用固壁支撑代替上下扶梯或吊装支架。

（8）油管道必须接地良好。

（9）用生料带做垫料时，必须制定防止氟中毒的措施。

（10）与运行的管道进行连接前，必须按《电业安全工作规程（发电厂和变电所电气部分）》（DL 408—1991）办理热力机械工作票；连接后，管道上的隔离门应关严并上锁。

（11）弹簧阀门解体时，应先均匀地放松弹簧。

（12）研磨阀门结合面时应将阀体固定好。

（13）阀门水压试验台应设泄压阀。试验结束，应待压力泄尽后方可拆卸阀门。

五、汽轮机试运行

（1）不得在有压力的管道上进行检修工作。

（2）疏水出口处应有保护遮盖装置。

（3）主油箱灌油前，事故排油管应畅通，事故排油阀、排污阀应关严并加锁。

（4）油系统注油或氢系统投氢后，应划定危险区，并挂“严禁烟火”的标示牌。

（5）在氢系统附近动用电焊、火焊时，必须办理动火作业票，经总工程师批准，并在测定空气中的含氢量不大于 0.4%后方可进行。

（6）充氢后，检查氢冷发电机时，必须先将该机的氢系统与氢母管的连通门关严，然后在连通门后加装带尾的堵板，并进行气体置换，应待含氢量低于允许值后方可进入。作业时必须强制通风，通风机及电源开关必须采用防爆型的。

（7）试运行中应经常检查油系统是否漏油。严防油漏至高温设备及管道上。

（8）前轴承及油管密集处的下方如有接漏的集油箱，使用前应做灌水试验，使用中应指定专人负责定期检查。

（9）主油箱上的排烟风机必须经常投入运行并定期（至少每星期一次）检查油管和主油箱中的含氢量。当含氢量大于1%时，应查明原因并及时消除。

（10）严禁在投氢或置换时向室内排放氢气或二氧化碳。

（11）凡属试运范围内的设备及系统，除当班运行人员根据运行规程进行操作、维护及事故处理外，其他人员一律不得擅自操作。

六、制氢装置

（1）制氢室及储氢罐周围应悬挂“严禁烟火”的警告牌；10m范围内严禁烟火，严禁放置易燃、易爆物品。

（2）制氢室及储氢罐的值班人员应持证上岗。

（3）严禁携带火种、穿带铁钉的鞋和穿化纤类衣服进入制氢室。

（4）制氢室内严禁使用可能产生火花的工具、机具、风扇及电加热装置等。

（5）制氢室和储氢瓶房间内空气的含氢量不得大于1%。制氢室应配有测氢仪并经常进行测量，取样点应在聚氢区。

（6）在制氢室和储氢罐附近进行明火作业或可能产生火花的作业时，必须办理动火工作票，制定安全施工措施，并经总工程师批准后方可施工。

（7）制氢室和储氢瓶房间的照明应为防爆型的。

（8）制氢与储氢系统在检修前，其检修部分与运行部分之间必须用堵板隔离并进行气体置换。

（9）氢系统和氧系统的严密性试验只能用肥皂水检查；冰冻的管道和阀门只能用低温蒸汽或热水解冻。

（10）氢系统和氧系统阀门的操作必须缓慢，严禁将氢气、氧气快速放出。

七、化学制水和酸洗作业

（1）酸洗措施中应有明确的废酸液排放注意事项，并应符合当地有关部门排污达标要求。废酸排污应取得当地环保部门的批准。

（2）搬运和使用化学药剂的人员应熟悉药剂的性质和操作方法，并掌握操作人员安全注意事项和各种防护措施。

（3）对性质不明的药品严禁用口尝或鼻嗅的方法进行鉴别。

（4）在进行酸、碱作业的地点应备有清水、毛巾、药棉和急救中和用的药液。

（5）用压缩空气卸槽车内的酸、碱时，压力不得趋过槽车的允许压力。

（6）浓硫酸应用无缝钢管输送；浓盐酸应用耐压、耐酸的橡胶管输送。

（7）冬季用蒸汽加热槽车内的碱液时，必须开启空气门，严防超压。

（8）各种储酸设备应装设溢流管和排气管。

（9）靠近通道的酸管道应有防护设施。

（10）稀释浓硫酸时，严禁将水倒入浓硫酸中，应将浓硫酸缓慢地倒入水中并不断地搅拌。

（11）进行加氯作业必须佩戴防毒面具，并应有监护人，室内通风应良好。

（12）酸洗用临时管道应用无缝钢管。直接与浓盐酸接触的阀门应用耐酸衬胶阀门。与稀盐酸或碱液接触的阀门应用铁芯阀门。酸泵和阀门应事先进行检修，填料及垫子应用耐酸材料；系统必须经水压试验合格。

（13）酸洗现场应有医务人员值班并备有下列设施和药品：①带橡胶软管的冲洗水龙头；②中和用石灰；③浓度为0.5%和0.2%的碳酸氢钠，2%的硼酸以及医用凡士林等。

（14）被酸洗的设备或系统的最高点应有排至室外的排氢管。

（15）锅炉用循环法酸洗时，加热汽源的压力应大于清洗液的最大静压，否则应加装逆止阀。

第八节　电气设备安装

一、电气设备安装

1. 高压电气设备安装、检修时的安全注意事项

（1）所有高压电气设备在安装或检修过程中，都需进行必要的电气试验，此时应严防触电。试验前应明确试验内容、加电压数值，确定安全区，断电后及时做好试验接地短路线。试验区应由网状围栏围起，设有出入口，围栏上应挂有适当数量的警告牌。对禁止操作的设备和通道必须挂好警告牌，必要时还应设立监护岗，在运行的300、500kV电压等级的变电站构架上作业，必须采取防静电感应措施。

（2）隔离开关处于断开位置，油断路器、空气断路器的传动机构以及有返回弹簧或自动释放的断路器，在合闸位置和未锁好时不得搬运；电气设备有很多瓷件，如套管、绝缘子、瓷棒，安装检修时切勿撬、打、碰，搬放时应保持平稳、垫牢，吊装时应使用柔软绳索并有防滑、防碰、防磨的措施，就位紧固应避

免应力不均造成损坏。作业时不得攀登瓷件，不准向垂直放置的瓷件上施加水平外力。

（3）手动调整操动机构，应缓慢进行，发现机械不灵、有卡涩等现象应及时消除，不得硬搬硬撬，调整合格后方可进行远方或电动操作。远方或电动操作时，机构或被操作可动设备上不得有人，必须查看时，应避开设备可动部分的动作空间，防止被压、挤、碰、刮而受到伤害。站立高度超过1.5m且无围栏时，应使用安全带和戴好安全帽。

（4）对已运行的电气设备进行检修或新安装设备与运行系统连接时必须执行施工作业票制度和运行单位的电气工作票制度。对检修和新安装的设备进行全面检查，确认无电和安全措施齐全的情况下，方可作业。输电线路、配电线路的连接工作，明知线路未送电，但也必须考虑线路有感应电压或突然来电的可能。线路侧应挂接地短路线，且使作业人员能够看到方可作业。

（5）各电缆护管的敷设均应考虑管内不能有存水的可能，防止电缆冻断。

（6）六氟化硫气体是有毒的气体，工作区空间六氟化硫气体的含量不得超过1000μL/L。对SF_6断路器进行充气时，其容器及管道必须是干燥的。充气和检修安装时，工作人员必须戴橡胶手套、护目眼镜和防毒口罩等劳动保护用品，SF_6气瓶不能与其他气瓶混放。

（7）给室外互感器注油时，其上部金属帽必须可靠接地。

（8）发电机、大型电动机的安装，进入定子内的通道的孔洞应用跳板盖满绑牢，安装期间工器具应系绳和登记，防止掉入定子内。打磨电刷人员应戴口罩。

（9）发电机一经充氢，周围严禁明火作业和吸烟。作业前测量氢气含量在合格范围内，作业时要有防止产生火花的措施，不得穿有铁钉子的鞋进入氢区。

2. 电力变压器安装时的安全注意事项

（1）充氮运输的变压器在未经充分排氮前，严禁任何人员进入。充氮变压器注油时，任何人不得在排气孔处停留。

（2）变压器吊芯检查时，不得将芯子叠放在油箱上，应放在事先准备好的大油盘内。在松下起吊绳索前，不得在芯子上进行任何作业。变压器在吊罩检查时在未移开外罩或未做可靠支撑前，不得在芯子上进行任何作业。大型变压器吊钟罩检查时，必须先详细阅读产品说明书，将运输固定装置拆除后，方可吊上节油箱。

（3）检查变压器、油浸电抗器芯子时，应搭设脚手架或使用梯子，严禁攀登引线、木架上下。

（4）组装变压器上部附件时，应戴安全帽和系安全带。

（5）变压器若使用外接电源干燥时，变压器外壳必须接地。变压器进行干燥前，应制定安全技术措施及必要的管理制度，保证人身和设备安全。

（6）变压器（真空）注油时，必须派专人值班，严格按已批准的安全技术措施执行，并配有充足的消防器材。变压器在注油、放油、滤油过程中，外壳及各侧绕组必须可靠接地。

（7）变压器就位前，应先检查轨道坡度，就位后立即安装好夹轨器。

（8）进行变压器、电抗器内部检查时，通风和照明必须良好，并设专人监护；工作人员应穿无纽扣、无口袋作业服，耐油防滑靴，带入的工具必须拴绳、登记、清点，严防工具及杂物遗留在器体内。

3. 进行蓄电池安装作业时的安全注意事项

（1）蓄电池室应在设备安装前装好照明、水源、通风和取暖设施。蓄电池加注电解液前，必须将蓄电池室内的临时用电设施拆除。蓄电池加注电解液后，室内严禁烟火，并不得再进行与充电无关的其他作业。

（2）安装蓄电池的作业人员，应穿戴防酸和防止铅中毒的防护用品，充电后不得穿容易引起静电的衣着入内。

（3）配制电解液的容器应完好。配制电解液时，必须将硫酸缓慢地注入蒸馏水中，并用玻璃棒或塑料棒不断搅动。严禁将蒸馏水注入硫酸中。

（4）在配制电解液的过程中，若硫酸溅洒在身上，应立即用小苏打溶液清洗；若洒在地上，应及时用清水冲洗干净。

（5）蓄电池室应有足够的小苏打溶液和清水。电解液、小苏打溶液及清水等均应贴在明显的标志并分别存放。

（6）平整及清扫铅极板应在有通风设施的条件下进行，作业人员应戴口罩、手套、护目镜等防护用品，袖口应扎紧。

（7）搬运硫酸瓶时，应有防止震动和酸瓶存损的措施。搬运未封口或破裂的硫酸瓶时，必须采取可靠的安全措施。

（8）配制、储存、输送电解液的一切设施必须是耐酸制品。

（9）配制电解液使用的工器具及防护用品用过后，应用小苏打溶液及清水进行清洗，清洗前不得用手触摸。

（10）镉、镍碱性蓄电池的安装。

1）配制和存放电解液应用耐碱器具，并将碱液缓慢倒入蒸馏水或去离子水中，用干净的耐碱棒搅动。严禁将水倒入电解液中。

2）装有催化栓的蓄电池初充电前应将催化栓旋下，等初充电全过程结束后再重新装上。

3）带有电解液并配有专用防漏运输螺塞的蓄电池，初充电前应取下运输螺塞换上有孔气塞，并检查液面，不应低于准液面线。

（11）不得在蓄电池室内进餐及存放食物和饮料。

4. 盘、柜安装时的安全注意事项

（1）进行盘、柜就位工作时，人力应足够，指挥应统一，防止挤手、压脚及倾倒伤人。对质量超过400kg的盘柜，应用专用运输车，其吊点应按厂家规定选取。

（2）动力盘、控制盘、保护盘内的各种熔断器、小刀闸，凡直立布置者必须是上口接电源，下口接负荷。

（3）各盘的接地和有关保护接地的安装应可靠牢固，特别是用于高频保护、微机保护等所需接地的端子更应保证安装质量。

（4）在部分带电的盘上作业时，必须了解盘内带电系统的情况；应穿作业服，戴工作帽（有长发人员应挽进帽内），穿绝缘鞋，并站在绝缘垫上，严禁穿背心、短裤作业；工具手柄必须绝缘良好；作业时必须有监护人。

5. 进行变压器干燥作业时应采取的安全措施

（1）变压器进行干燥前应制定安全施工措施并交底。

（2）变压器干燥使用的电源及导线应经计算，电路中应有过负荷自动切断装置及过热报警装置。

（3）变压器干燥时，应根据干燥的方式，在铁芯、绕组或上层油面上装设温度计，但严禁使用水银温度计。

（4）变压器干燥应设值班人员。值班人员应经常巡视各部位温度有无过热及其他异常情况，并做好记录。值班人员不得擅自离开干燥现场。

（5）采用短路干燥时，短路线应连接牢固。采用涡流干燥时，应使用绝缘线；使用裸线时必须是低压电源，并应有可靠的绝缘措施。

（6）使用外接电源进行干燥时，变压器外壳应接地。

（7）采用真空热油循环进行干燥时，其外壳及各侧绕组必须可靠接地。

（8）变压器干燥现场不得放置易燃物品，并应配备足够的消防器材。

6. 进行发电机及电动机安装（电气部分）作业时应采取的安全措施

（1）人工拆卸或安装电机的部件时，两人的抬运质量不得超过100kg，抬起高度不得超过1m。

（2）在干燥房内对电机进行干燥时，应有防火措施。干燥房内不得有易燃物，并应配备足够的消防器材。

（3）开启式电机在安装期间应有防止杂物掉入电机内的措施。

（4）在集电环上打磨电刷应在不高于盘车的转速下进行。打磨电刷时操作人员应戴口罩。

（5）发电机引出线包绝缘时应加强通风，严禁烟火。操作人员应使用必要的防护用品，操作时应有人监护。

7. 进行断路器、互感器安装时应注意的问题

（1）在下列情况下不得搬运开关设备。

1）隔离开关、刀型开关的刀闸处在断开位置时。

2）油断路器、自动空气开关、传动装置以及有返回弹簧或自动释放的开关，在合闸位置和未锁好时。

（2）在调整、检修开关设备及传动装置时，必须有防止开关意外脱扣的可靠措施，作业人员必须避开开关可动部分的动作空间。

（3）对于液压、气动及弹簧操动机构，严禁在有压力或弹簧储能的状态下进行拆、装或检修工作。

（4）放松或拉紧开关的返回弹簧及自动释放机构弹簧时，应使用专用工具，不得快速释放。

（5）凡可慢分慢合的开关，初次动作时不得快分快合。空气断路器初次试动作时，应从低气压做起。施工人员应与被试开关保持一定的安全距离或设置防护隔离设施。

（6）就地操作分合空气断路器时，工作人员应戴耳塞，并应事先通知附近的作业人员，特别是高处作业人员。

（7）在调整断路器、隔离开关及安装引线时，严禁攀登套管绝缘子。

（8）隔离开关采用三相组合吊装时，应检查确认框架强度符合起吊要求，否则应进行加固。

（9）断路器、隔离开关安装时，在隔离开关刀刃及动触头横梁范围内不得有人作业。必要时应在开关可靠闭锁后方可进行作业。

（10）对六氟化硫断路器进行充气时，其容器及管道必须干燥，工作人员必须戴手套和口罩。

（11）检修六氟化硫断路器需拿取容器内的吸附物时，工作人员必须戴橡胶手套、护目镜及防毒口罩等劳动防护用品。

（12）六氟化硫气瓶的搬运和保管。

1）六氟化硫气瓶的安全帽、防震圈应齐全，安全帽应拧紧；搬运时应轻装轻卸，严禁抛掷、溜放。

2）气瓶应存放在防晒、防潮和通风良好的场所；不得靠近热源和油污的地方，阀门上严禁油污和水分。

3）六氟化硫气瓶不得与其他气瓶混放。

（13）瓷套型互感器注油时，其上部金属帽必须接地。

8. 进行其他电气设备安装时应注意的问题

（1）凡新装的电气设备或与之连接的机械设备，一经带电或试运行后，如果需在该设备或系统上进行工作，则其安全措施应严格按电气设备全部或部分停电作业的有关规定执行。

（2）远控设备的调整应有可靠的通信联络。

（3）凡具有甲、乙两系统的回路及远控回路必须经过校核，确认其一次及二次回路均对应无误后方可启动。

（4）所有转动机械的电气回路，应经操作试验，并确认控制、保护、测量、信号等回路均可靠无误后方可启动。转动机械在初次启动时，就地应设有紧急停车装置。

（5）无论用何种方式干燥电气设备或元件，均应控制其温度干燥场所不得有易燃物，并应有足够的消防器材。

（6）严禁在组合式阀型避雷器上攀登或进行作业。

（7）10kV 及以上升压站（配电室）进行扩建时，已就位的设备及母线应接地或屏蔽接地。

（8）在运行的升压站及高压配电室内搬动梯子、线材等长的物件时，应放倒搬运，并应与带电部分保持安全距离。

（9）在带电设备周围不得使用钢卷尺或皮卷尺进行测量工作，应采用木尺或其他绝缘量具。

（10）电气设备及设施的拆除。

1）必须确认被拆的设备或设施不带电，并应按拆除工程的有关规定做好安全措施。

2）不得破坏原有安全设施的完整性。

3）防止因结构受力变化而发生破坏或倾倒。

4）拆除旧电缆时应从一端开始，严禁在中间切断或任意拖拉。

5）拆除有张力的软导线时必须徐徐释放，严禁突然释放。

6）弃置的旧动力电缆头，除有短路接地线外，应一律视为有电。

（11）电力电容器试验完毕后必须立即进行放电。已运行的电容器组需检修或扩容时，必须先进行放电。

（12）起吊、装卸大型或精密电气设备，如主变压器、电子计算机等，应事先由专业技术人员制定安全施工措施，并按规定办理安全施工作业票。

二、母线安装

1. 进行软母线架设和硬母线安装时应注意的问题

（1）测量软母线档距时必须确保有绳、尺与带电体保持安全距离的措施。

（2）新架设的母线与带电母线靠近或平行时，新架设的母线应接地，并保证安全距离。安全距离不够时应采取隔离措施。

（3）母线架设前应检查金属附件是否符合要求，构架横梁是否牢固。

（4）放线应统一指挥，线盘应架设平稳。导线应由盘的下方引出。推转线盘的人员不得站在线盘的前面。在放到线盘上的最后几圈时，应采取措施防止导线突然蹦出。

（5）在挂线时，导线下方不得有人逗留或行走。

（6）紧线应缓慢，并随时检查导线是否有挂住的地方，严禁跨越正在改紧的导线。

（7）切割导线时，应将切割处的两侧扎紧并固定好。

（8）在软母线引下线与设备连接前应进行临时固定，不得任其悬空摆动。

（9）在软母线上作业前应检查金具连接是否良好，横梁是否牢固。使用竹梯或竹竿横放在导线上骑行作业时应系好安全带。骑行作业母线的截面积一般不得小于 $120mm^2$。

（10）压接软母线所用油压机的压力表应完好，压接过程中应有专人监视压力表读数，严禁超压或在夹盖卸下的状态下使用。应经常检查油压机的油位，如油位过低应及时补充。

（11）绝缘子及母线不得承重。

（12）硬母线焊接时应通风良好，作业人员应穿戴防护用品。

（13）大型支持型铝管母线应采用吊车多点吊装；铝管母线就位前施工人员严禁登上支持绝缘子。

2. 进行软母线爆破压接作业在安全方面的要求

（1）进行母线爆破压接的操作人员必须经过培训，考试合格，并取得安全作业证。

（2）进行爆破压接作业，每次不得超过两炮，作业时严禁吸烟。

（3）炸药、导火索、导爆索及雷管应分别存放并设专人管理，由专人领用，用毕应立即将剩余的炸药及雷管退库。

（4）药包应在专设的加工房内制作，室内严禁烟火，作业人员不得穿带钉子及铁掌的鞋。雷雨天气严禁填装药包。装药必须用木棒、竹棒轻塞，严禁用力抵入或用铁器捣实。药包装雷管的作业必须在爆破现场于爆破前进行。

（5）在运行的升压站内进行爆破压接时，严禁使用电雷管或将电雷管改作火雷管使用。

（6）导火索在使用前应做燃速试验，其长度应使点火人离开后到起爆之间的时间不少于 20s，但不得短于 20cm。

（7）切断导爆索及导火索应使用锋利的刀子，严禁使用剪刀或钳子。雷管与导火索连接时，必须使用专用钳子夹雷管口，严禁碰触雷汞部分及用牙咬雷管口或用普通钳子夹雷管口。

（8）爆破点离地面一般不得小于 1m，离瓷件一般不得小于 5m。人员应离开 30m 以外。距爆破点 50m 以内的建筑物玻璃窗应打开，并挂好风钩。

（9）放炮时应通知周围作业人员及电气运行值班人员，并设警戒。

（10）遇有瞎炮时，必须待 15min 后方可处理。

三、电缆安装

1. 敷设电缆时应注意的安全事项

（1）装卸、运输电缆盘时，应有防止电缆盘在车上、船上滚动的措施。盘上的电缆头应固定好。电缆盘严禁从车上、船上直接推下。滚动电缆盘的地面应平整，破损的电缆盘不得滚动。

（2）敷设电缆时，电缆盘应架设牢固平稳，盘边缘与地面的距离不得小于 100mm，电缆应从盘的上方引出，引出端头的铠装如有松弛则应绑紧。

（3）在开挖直埋电缆沟时，应取得有关地下管线等资料，否则在施工时应采取措施。加强监护。只有在确认地下无其他管线时方可用机械开挖。

（4）敷设电缆前，电缆沟及电缆夹层内应清理干净，做到无杂物及积水，并应有足够的安全照明。

（5）敷设电缆应由专人指挥，统一行动，并有明确的联系信号，不得在无指挥信号的情况下随意拉引。

（6）在高处敷设电缆时，应有高处作业措施。直接站在梯式电缆架上作业时，应核算其强度是否足够，必要时采取加固措施。作业人员应系好安全带。严禁攀登组合式电缆架或吊架。

（7）进入带电区域内敷设电缆时，应取得运行单位的同意，办理工作票，采取安全措施，并设监护人。

（8）用机械敷设电缆时，应遵守有关操作规程，加强巡视，并有可靠的联络信号。放电缆时应特别注意多台机械运行中的衔接配合与拐弯处的情况。

（9）电缆通过孔洞、管子或楼板时，两侧必须设监护人，入口侧应防止电缆被卡或手被带入孔内。出口侧的人员不得在正面接引。

（10）敷设电缆时，拐弯处的施工人员应站在电缆外侧。

（11）临时打开的隧道孔应设遮栏或标志，完工后立即封闭。

（12）敷设电缆时，不得在电缆上攀吊或行走。

（13）电缆穿入带电的盘内时，盘上必须有专人接引，严防电缆触及带电部位。

2. 制作电缆头时应注意的问题

（1）制作电缆头时，熬胶、化铅使用的各种炉子均应有防火措施。熬胶、化铅应在通风良好处进行，加热应缓慢。

（2）熔化锡块、铅块、绝缘胶的容器和工具必须干燥，熔化过程中严防水滴带入熔锅。熔化材料不得超过容器容积的 3/4。

（3）电缆胶的加热和搬运应采用有嘴的容器，不得使用密封容器。传递时应放在地上换手。

（4）熔化或浇制焊锡、封铅及电缆胶时，操作人员应戴防护眼镜、手套。

（5）制作环氧树脂电缆头应在通风良好处进行，操作人员应戴口罩和手套。

（6）做完电缆头后应及时灭火，清除麻包、油纸等杂物。

（7）阻燃电缆应有防止纤维吸入体内及刺激皮肤的措施。

四、高压电气试验

1. 进行高压电气试验时应注意的问题

（1）高压试验设备（如试验变压器及其控制台、西林电桥、试油机等）的外壳必须接地，接地线应使用截面积不小于 $4mm^2$ 的多股软铜线，接地必须良好可靠，严禁接在自来水管，暖气管、易燃气体管道及铁轨等非正规的接地体上。

（2）被试设备的金属外壳应可靠接地。高压引线的接线应牢固并应尽量缩短，高压引线必须使用绝缘子支持固定。

（3）现场高压试验区域及被试系统的危险部位及端头应设临时遮栏或拉绳，向外悬挂“止步，高压危险！”的标示牌，并设专人警戒。

（4）合闸前必须先检查接线，将调压器调至零位，并通知现场人员离开高压试验区域。

（5）高压试验必须有监护人监视操作。升压加压过程中，作业人员应精神集中，监护人应大声呼唱，传达口令应清楚、准确。操作人员应戴绝缘手套、穿绝缘靴或站在绝缘台上。

（6）试验用电源应有断路明显的双刀开关和电源指示灯，更改接线或试验结束时，应首先断开试验电源，进行放电（指有电容的设备），并将升压设备的高压部分短路接地。

（7）电气设备在进行耐压试验前，应先测定绝缘电阻。用绝缘电阻表测定绝缘电阻时，被试设备应确实与电源断开。试验中应防止带电部分与人体接触，试验后被试设备必须放电。

（8）高压试验设备的高压电极，除试验室外均应用接地棒接地，被试设备做完耐压试验后应接地放电。

（9）进行直流高压试验后的高压电机、电容器、电缆等应先用带电阻的接地棒或临时代用的放电电阻放电，然后再直接接地或短路放电。

（10）在使用中的高压设备，其接地线或短路线拆除后即应认为已有电压，严禁接近。

（11）遇雷雨和六级以上大风时应停止高压试验。

（12）试验中如果发生异常情况，应立即断开电源，并经放电接地后方可进行检查。

（13）试验工作结束后，必须将被试设备上的工具和导线等其他物件清理干净，拆除临时遮栏或拉绳，并将被试验设备恢复原状。

2. 在进行二次回路传动试验等工作时应注意的问题

（1）对电压互感器二次回路做通电试验时，高压侧隔离开关必须断开，二次回路必须与电压互感器断开。严禁将电压互感器二次侧短路。

（2）电流互感器二次回路严禁开路，经检查确无开路时，方可在一次侧进行通电试验。

（3）进行与已运行系统有关的继电保护或自动装置调试时，必须将有关部分断开或申请退出运行，必要时应有运行人员配合工作，严防误操作。

（4）做开关远方传动试验时，开关处应设专人监视，并应有通信联络和就地可停的措施。

（5）转动着的发电机、调相机及励磁机，即使未加励磁也应视为有电压，如果在其主回路（一次回路）上进行测试工作，应有可靠的绝缘防护措施。

（6）测量轴电压或在转动中的发电机集电环上进行测量作业时，应使用专用的带绝缘柄的电刷，绝缘柄的长度不得小于30cm。

（7）使用钳形电流表时，其电压等级应与被测电压相符。测量时应戴绝缘手套。测量高压电缆线路的电流时，钳形电流表与高压裸露部分的距离应不小于表3–1所列数值。

表3–1　　钳形电流表与高压裸露部分的最小允许距离

额定电压（kV）	1	6	10	35	110
最小允许距离（mm）	500	500	500	800	1300

3. 在进行启动及带电作业时应做好的安全工作

（1）电气设备及电气系统的安装调试工作全部完成后，在通电及启动前，做好下列工作：①通道及出口畅通，隔离设施完善，孔洞堵严，沟道盖板完整，屋面无漏雨、渗水情况；②照明充足、完善，有适合于电气灭火的消防器材；③房门、网门、盘门该锁的已锁好，警告标志明显、齐全；④人员组织配套完善、操作、保护用具齐备；⑤工作接地及保护接地符合设计要求；⑥通信联络设施足够、可靠；⑦所有开关设备均处于断开位置。

（2）上列各项工作检查完结并符合要求后，所有人员应离开将要带电的设备及系统。非经指挥人员许可、登记，不得擅自再进行任何检查和检修工作。

（3）带电或启动条件齐备后，应由指挥人员按技术要求指挥操作。操作应按《电业安全工作规程（发电厂和变电所电气部分）》（DL 408—1991）的有关规定执行。

（4）设置在一般房间或车间内的电气设备准备启动或带电时，其附近应设遮栏及标示牌或派专人看守。

（5）在配电设备及母线送电以前，应先将该段母线的所有回路断开，然后再接通所需回路。

（6）发电机及具有双回路电源的系统，并列运行前应核对相位。

第九节 热控设备安装

一、热工仪表与控制装置安装

1. 取样装置及测温元件安装应注意的问题

（1）使用大型电钻或板钻在管道或联箱上钻孔时，钻架必须有足够的强度并牢固，还应有防止滑钻、钻头松脱、钻体坠落及管道滚动等安全措施。

（2）丝扣连接的高、中压插入式温度计，应用固定扳手紧固，操作时应站稳，用力不得过猛。

（3）在与运行系统已连接好的或已充压的，以及可能由于阀门泄漏而充压的设备或管道上开孔、安装取样装置或感测元件等时，应办理工作票，并采取措施，严禁在无可靠隔断装置或残压未放尽时施工。

2. 管路敷设应注意的问题

（1）在场内搬运较长的角钢、管子等器材时，严防触及带电部分。

（2）已敷设的管子，如果不能及时焊接，则应固定牢固。

（3）汽、水仪表管的排污漏斗应有盖或使用小联箱。

（4）管路敷设完毕后，必须检查连接是否正确。高压管道上严禁装设低压设备。

（5）试验用的压力表必须事先校验合格。压力试验过程中，当压力达到0.49MPa以上时，严禁紧固连接件或密封件。

（6）检查及疏通堵塞的仪表管时，严禁将脸对着管口或锯开的锯口。疏通时，必须先关一次门。

3. 爆炸、中毒、酸碱等伤害的防止

（1）在已投入运行的油区、制氢站、发电机氢系统区域作业时，必须遵守《电力建设安全工作规程 第1部分：火力发电》（DL 5009.1—2014）的有关规定。

（2）防爆设备的防爆装置、部件必须完整无损并已安装好。

（3）进入煤粉仓作业前，应先进行检查，确认无窒息可能以及无可燃性气体存在后，方可进入。作业人员的安全带应拴挂在仓外牢固的物体上，仓外至少应有两人监护，监护人应能直接看到作业人员。

（4）已充酸、充碱的系统，不得再紧固连接件和密封件。

（5）不得在已投入使用的酸、碱设备的阀门、法兰、玻璃液面计等部件附近作业或停留。

（6）使用环氧树脂制作铠装热电偶冷端等作业时，应在通风良好的地方进行，操作人员应戴口罩和手套。

（7）接触其他有毒物质的作业应制定专门的安全措施。

二、热控试验

1. 测量仪表在进行试验使用时应注意的问题

（1）冲洗仪表管前应与运行人员取得联系，冲洗的管子应固定好。初次冲管压力一般应不大于0.49MPa。冲管时管子两端均应有人并相互联系。初次冲洗时，操作一次门应有人监护，并先做一次短暂的试开。

（2）操作酸、碱管路的仪表、阀门时，不得将面部正对法兰等连接件。

（3）校验氢纯度表时，不得将氢气瓶搬入室内，排气管应接到室外，作业地点严禁烟火。氢盘投入运行后应挂“氢气运行，严禁烟火”的标示牌。

（4）氧气表严禁沾染油脂。

（5）运行中的表计如因更换或修理而退出运行时，仪表阀门和电源开关的操作均应遵照规定的顺序进行。泄压、停电之后，在一次门和电源开关处应挂“有人工作，严禁操作”的标示牌。

2. 远方操作设备及调节系统执行器在进行调整试验时在安全方面的要求

（1）远方操作设备及调节系统执行器的调整试验，应在有关的热力设备、管路充压前进行，否则应与有关部门联系并采取措施，防止误排汽、排水伤人。

（2）被控设备、操作设备、执行器的机械部分、限位装置和闭锁装置等，未经就地手动操作调整并证明工作可靠的，不得进行远方操作。进行就地手动操作调整时，应有防止他人远方操作的措施。

（3）选线操作系统或并列的两套及以上的操作系统，必须在验证操作选线开关、操作设备与被控设备正确对应并与标志框标明的内容相符后方可操作。

（4）做远方操作调整试验时，操作人与就地监视人应在每次操作中相互联系，及时处理异常情况。

3. 成套控制装置和自动调节系统投入使用时应注意的问题

（1）投入计算机和自动点火，自动升速等成套控制装置及自动调节系统时，必须制定专门的安全技术措施。

（2）试验人员必须熟悉有关设备、系统的结构、性能以及试验方法、步骤。

（3）投入成套控制装置和调节系统前，机组试运行领导人应做计划安排，并指派运行人员密切配合。

（4）试投前应使机组处于稳定运行工况，使有关设备、系统工作正常，并采取必要的保护措施。试运行中应密切注意机组的运行情况及被试验设备，系统各部分的动作情况，如果有异常则应立即停止试验。

（5）经试验证明设备、系统确已正常可靠地工作后，各试验监视岗位的人员方可撤离。

第十节　焊接施工

一、焊接安全管理

（1）电焊、气焊工均为特种设备作业，应身体检查合格，并按《特种设备焊接操作人员考核细则》（TSG Z6002—2010）培训考核合格，取得《特种设备作业人员证》后，方能独立操作。

（2）工作前检查焊接场地，氧气瓶与乙炔气瓶相距不小于5m，距施焊点不小于10m，并在10m以内禁止堆放其他易燃、易爆物品（包括有易燃、易爆气体产生的器皿管线），并备有消防器材，保证足够照明和良好通风。

（3）操作时（包括打渣）所有工作人员必须穿戴好工作服、防护眼镜或面罩。不准赤身操作，仰面焊接应扣紧衣领、扎紧袖口、戴好防火帽、电焊作业时不得戴潮湿手套。

（4）对受压容器、密闭容器、各种油桶，管道、沾有可燃气体和溶液用的工件进行操作时，必须事先进行检查，并经过冲除掉有毒、有害、易燃、易爆物质，解除容器及管道压力，消除容器密闭状态（敞开口，旋开盖），再进行工作。

（5）在焊接，切割密闭空心工件时，必须留有出气孔。在容器内焊接，外面必须设人监护，并有良好通风措施，照明电压采用12V。禁止在已做油漆或喷涂过塑料的容器内焊接。

（6）电焊机接地线及电焊工作回线都不准搭在易燃、易爆的物品上，也不准接在管道和机床设备上。工作回线应绝缘良好，机壳接地必须符合安全规定。

（7）在有易燃、易爆物的车间、场所或管道附近动火焊接时，必须办理“危险作业申请单”。项目部安全人员到现场检查，采取严密安全措施后，方可进行操作。

（8）高空作业应系安全带，并采取防护设施，地面应有人监护。严禁将工作回线缠在身上。

（9）焊件必须放置平稳，牢固才能施焊，不准在吊起的或叉车铲起的工件上施焊，各种机器设备的焊修，必须停车进行，作业地点应有足够的活动空间。

（10）操作者必须注意助手的安全，助手应懂得电（气）焊的安全常识。

二、焊接作业安全技术

（一）手工弧焊工

（1）工作前应检查焊机电源线，引出线及各接点是否良好，线路横越车行道应架空或加保护盖，焊机二次线路及外壳必须有良好接地，其接地电阻不得超过4Ω；焊条的夹钳绝缘和隔热性能必须良好。

（2）下雨天不准露天电焊。在潮湿地带工作时，要站在铺有绝缘物品的地方，并穿好绝缘鞋。

（3）移动或电焊机从电力网上接线或检线、接地等工作均应由电工进行。

（4）推隔离开关时，身体要偏斜些，要一次推足，然后开启电焊机；停机时，要先关电焊机，才能拉断电源隔离开关。

（5）移动电焊机位置，须先停机断电，焊接中突然停电，应立即关好焊机。

（6）在人多的地方焊接时，要安设遮栏挡住弧光，无遮栏时应提醒周围人员不要直视弧光。

（7）换焊条时要戴好手套，身体不要靠在铁板或其他导电物品上。敲渣子时要戴上防护眼镜。

（8）焊接有色金属器件时，要加强通风排毒，必要时使用过滤式防毒面具。

（9）在焊钳与工件短路的状态下，电源开关不应合闸；停止工作时，焊钳应与工件分开，应将焊钳放在绝缘良好的地方，只准在非工作状态下切断电源。

（二）手工气焊（割）工

1. 一般要求

（1）严格遵守《电力建设安全工作规程　第1部分：火力发电》（DL 5009.1—2014）和有关压力调节器、橡胶软管、氧气瓶、溶解乙炔气瓶的安全使用规则及焊（割）的安全操作规程。

（2）工作前或较长时间停工后工作时，必须检查所有设备。氧气瓶、溶解乙炔气瓶，压力调节器及橡胶软管的接头、阀门及紧固件应牢固，不准有松动、破损和漏气现象。氧气瓶及其附件，橡胶软管、工具上不能沾染油脂及油垢。

（3）检查设备、附件及管路是否漏气时，只准用肥皂水试验。试验时，周围不准有明火。严禁用火试验漏气。

（4）氧气瓶、溶解乙炔气瓶与明火间的距离应在 10m 以上。如果条件限制，也不准低于 5m，并应采取隔离措施。

（5）禁止用易产生火花的工具去开启氧气或乙炔气阀门。

（6）设备管道冻结时，严禁用火烤或用工具敲击冻块。氧气阀、溶解乙炔气阀或管道要用 40℃以下的温水溶化；回火防止器及管道可用热水或蒸汽加热解冻，或用 20% ～ 30% 氧化钠热水溶液解冻、保温。

（7）焊接场地应备有相应的消防器材。露天作业应防止阳光直射在氧气瓶、溶解乙炔气瓶上。

（8）工作完毕或离开工作现场，要拧上气瓶的安全帽，清理现场，把气瓶放在指定地点。

（9）压力容器及压力表、安全阀，应按规定定期送交校验和试验。经常检查压力器件及安全附件状况。

2. 橡胶软管

（1）橡胶软管须经压力试验，氧气软管试验压力为 2MPa，乙炔软管试验压力为 0.5MPa。未经压力试验的代用品及变质、老化、脆裂、漏气的胶管及沾上油脂的软管不准使用。

（2）软管长度一般为 10 ～ 20m。不准用过短或过长的软管。接头处必须用专用卡子或退火的金属丝卡紧扎牢。

（3）氧气软管为红色，乙炔软管为黑色（绿色），与焊炬连接时不可错乱。

（4）乙炔软管使用中发生脱落、破裂、着火时，应先将焊炬或割炬的火焰熄灭，然后停止供气；氧气软管着火时，应迅速关闭氧气瓶阀门，停止供气。不准用弯折的办法来消除氧气软管着火。乙炔软管着火时可用弯折前面一段胶管的办法来将火熄灭。

（5）禁止把橡胶软管放在高温管道和电线上，或把重的或热的物件压在软管上，也不准将软管与电焊用的导线敷设在一起，使用时应防止割破。软管经过车行道时应加护套或盖板。

3. 气瓶储存要求

（1）仓库状况良好，安全标志完善。气瓶应储存于气瓶专用库内，库房应符合《建筑设计防火规范》（GB 50016—2014）的有关规定，仓库内不得有地沟、暗道，严禁明火和其他热源，库房门口应有醒目的安全标志。

库房应远离热源，严禁明火，有防止日光直射库内的措施，库内应通风良好，保持干燥等。

（2）各种瓶及空、实瓶应分开存放，存放量符合要求。

1）盛装易起聚合反应或分解反应的气瓶，必须规定储存期限，并应避开放射性射线源。

2）空、实瓶应分开放置，有明显的标记。

3）盛装毒性气体或相互接触后能引起燃烧、爆炸以及产生毒物的气瓶，应分库存放。

4）气瓶放置应整齐，戴好瓶帽。立放时，要妥善固定，有可靠的防倾倒措施；横放时，头部朝同一方向。

（3）标记明显，间距合理空、实瓶的存放处应有明显标识，并保持间距1.5m以上。

（4）各种护具及消防器材齐全、可靠库内及附近应设置防毒护具或消防器材。

4. 气瓶的安全使用

（1）防倾倒措施可靠。

1）气瓶使用前应进行安全状况检查，对盛装气体进行确认，不符合安全技术要求的气瓶严禁入库和使用；使用时必须严格按照使用说明书的要求使用气瓶。

2）气瓶立放时，应采取可靠的防止倾倒措施。

3）瓶内气体不得用尽，必须留有剩余压力或重量，永久气体气瓶的剩余压力应不小于0.05MPa；液化气体气瓶应留有不少于0.5%～1.0%规定充装量的剩余气体。

（2）工作场地存放量符合规定作业现场的气瓶，同一地点放置数量不应超过5瓶；若超过5瓶，但不超过20瓶时，应有防火、防爆措施；超过20瓶以上时，必须设置二级瓶库。

（3）与明火间距符合规定气瓶不得靠近热源，可燃、助燃气体气瓶与明火间距应大于10m，气瓶壁温应小于60℃。严禁用温度超过40℃的热源对气瓶加热。

（4）在检验周期内使用，不得使用未经检验或检验不合格的气瓶。

5. 气瓶运输

（1）运输工具上应有明显的安全标志。

（2）气瓶运输时，必须佩戴好瓶帽（有防护罩的气瓶除外）、防震圈（集装气瓶除外），轻装轻卸，严禁抛、滑、滚、碰。

（3）气瓶吊装时，严禁使用电磁起重机和金属链绳。

（4）气瓶装在车上，应妥善固定，避免碰撞、摩擦和滚动，一般应横放在车厢里，头部朝向一方，垛高不得超过车厢高度，且不超过五层。

（5）气瓶运输车禁止烟火。运输可燃、有害气体气瓶时，车上应备有灭火器材或防毒用品。

（6）易燃品、油脂和带有油污的物品，不得与氧气瓶或强氧化剂气瓶同车运输。

（7）所有介质相互接触后，能引起燃烧、爆炸的气瓶，不得同车运输。

（8）运输单位应制定应急处置预案，驾驶员和押运员应具备处置能力。

第十一节　架线工程施工

一、越线架搭设

（1）跨越架的形式应根据被跨越物的大小和重要性确定。重要跨越架及高度超过 15m 的跨越架应根据现场地形制定具体搭设方案，进行规范施工。

（2）搭设或拆除跨越架应设安全监护人，特殊跨越架的搭设或拆除项目部必须派人到现场指挥施工，监督安全施工。

（3）搭设跨越重要设施的跨越架，应事先与被跨越设施的主管单位取得联系，必要时应请其派员到现场监督检查。

（4）跨越架中心应在线路中心线上，宽度应越出新建线路两边线 2.0m，且架顶两侧应装设外伸羊角杆。

（5）跨越与铁路、公路及通信线的最小安全距离应符合表 3–2 的规定。

表 3–2　　越线架与被跨越物的最小安全距离　　m

越线架部位	被跨越物名称		
	铁路	公路	通信线
与架面水平距离	至路中心：3.0	至路边：0.6	0.6
与封顶杆（网）垂直距离	至轨顶：6.5	至路面：5.5	1.0

（6）跨越多排轨铁路、宽面公路时，越线架如果不能封顶，应增加架顶高度。

（7）越线架的立杆应垂直，埋深不应小于500mm，杆坑底部应夯实；遇松土或无法挖坑时应绑扫地杆。越线架的横杆应与立杆成直角搭设。

（8）越线架两端及每隔6～7根立杆应设剪刀撑、支杆或拉线。剪刀撑、支杆或拉线与地面的夹角不得大于60°，支杆埋入地下的深度不得小于300mm。

（9）木质越线架立杆有效部分的小头直径不得小于70mm，横杆有效部分的小头直径不得小于80mm；60～80mm的可双杆合并或单杆加密使用。

（10）毛竹越线架立杆、大横杆、剪刀撑和支杆的有效部分的小头直径不得小于75mm。小横杆有效部分的小头直径不得小于90mm；60～90mm的可双杆合并或单杆加密使用。

（11）钢管越线架宜用外径为48～51mm的钢管。立杆和大横杆应错开搭接，搭接长度不得小于50mm。

（12）竹、木越线架的立杆、大横杆应错开搭接，搭接长度不得小于1.5m；绑扎时小头应压于大头之上。绑扣不得小于三道。立杆、大横杆、小横杆相交时，应先绑两根，再绑第三根，不得一扣绑三根。

（13）各种材质越线架的立杆、大横杆及小横杆的间距不得大于表3–3的规定。

表3–3　立杆、大横杆及小横杆的间距　m

越线架类别	立杆	大横杆	小横杆
钢管	2.0	1.2	1.5
木	1.5		1.0
竹	1.5		0.75

（14）越线架应悬挂醒目的警告标志和涂反光材料。

（15）重要越线架应经项目部验收，合格后方可使用。

（16）强风、暴雨过后应对越线架进行检查，确认合格方可使用。

（17）拆除越线架应自上而下逐一进行，架材应有人传递，不得抛扔；严禁上下同时拆架或将越线架整体推倒。

二、张力放线施工

（1）张力放线施工必须有可靠的通信系统，放线时的通信必须迅速、清晰、畅通；严禁在无通信联络及视野不清的情况下放线；张力场、牵引场必须设专人指挥。

（2）放线用滑车使用前应做外观检查；带有开门装置的放线滑车，必须有关门的保险。

（3）线盘架应稳固、转动灵活、制动可靠；线盘或线圈展放处应设专人传递信号。作业人员不得站在线圈内操作；线盘或线圈接近放完时，应减慢牵引速度。

（4）低压线路或弱电线路需要开断时，应事先征得有关单位的同意。开断低压线路必须遵守停电作业的有关规定；开断时应有防止杆子倾倒的措施。

（5）架线时，除应在杆塔处设监护人外，对被跨越的房屋、路口、河塘、裸露岩石及越线架和人畜较多处均应派专人监护。

（6）导引绳、牵引绳、导地线被障碍物卡住时，作业人员必须站在线弯的外侧，并应用工具处理，不得直接用手推拉。施工人员不得站在导引绳、牵引绳或导地线的垂直下方。

（7）吊挂绝缘子串前，应检查绝缘子串弹簧销是否齐全、到位。吊挂绝缘子串或放线滑车时，吊件的垂直下方不得有人。

（8）牵引场转向滑车，锚固必须可靠。

1）使用专用的转向滑车，锚固必须可靠。

2）各转向滑车的荷载应均衡，不得超过允许承载力。

3）牵引过程中，各转向滑车围成的区域内侧严禁有人。

（9）转角塔的预倾滑车及上扬处的压线滑车必须设专人监护。

（10）牵引过程中，牵引绳进入的主牵引机高速转向滑车与钢丝绳卷车的内角侧严禁有人。

（11）张力放线前应由专人检查下列工作：

1）牵引设备及张力设备的锚固必须可靠，接地应良好。

2）牵张段内的越线架结构必须牢固、可靠。通信联络点不得缺岗。

3）转角杆塔放线滑车的预倾措施和导线上扬处的压线措施必须可靠。

4）交叉、平行或临近带电体的接地措施必须符合安全施工技术的规定。

（12）牵引时接到任何岗位的停车信号都必须立即停止牵引；张力机必须按

现场指挥的指令操作。

（13）导引绳、牵引绳的端头连接部位、旋转连接器及抗弯连接器在使用前应由专人检查；钢丝绳损伤、销子变形、表面裂纹等严禁使用。

（14）导线的尾线及牵引绳的尾绳在线盘上的盘绕圈数不得小于6圈。

（15）导线或牵引绳在带张力过夜时，必须采取临锚安全措施。

（16）旋转连接器严禁直接进入牵引轮或卷筒。

（17）导引绳、牵引绳或导线临锚时，其临锚张力不得小于对地距离为5m时的张力，同时应满足对被跨越物距离的要求。

（18）牵引过程中发生导引绳、牵引绳、导线跳槽、走板翻转或平衡锤搭在导线上等情况，必须停机处理。

（19）跨越高等级公路应事先制订施工方案，并与有关单位取得联系，请其派员协助。

三、人力展放导引绳

（1）领线人由技工担任，并随时注意前后信号；拉线人员应走在同一直线上，相互间保持适当距离。

（2）通过陡坡时，应防止滚石伤人；遇悬崖险坡应采取先放引绳或设扶绳等措施；遇森林应采取防蛇、防兽措施。

（3）通过河流或沟渠时，应由船只或绳索引渡，渡船严禁超载。

（4）导引绳、牵引绳的安全系数不得小于3。

（5）通过竹林区时，应防止竹桩尖扎脚。

四、液压操作

（1）使用前检查液压钳体与顶盖的接触口，液压钳体有裂纹者严禁使用。

（2）液压机启动后先空载运行检查各部位运行情况，正常后方可使用；压接钳活塞起落时，人体不得位于压接钳上方。

（3）放入顶盖时，必须使顶盖与钳体完全吻合；严禁在未完全旋转到位的状态下压接。

（4）液压泵操作人员应与压接钳操作人员密切配合，并注意压力指示，不得超过荷载。

（5）液压泵的安全溢流阀不得随意调整，并不得用溢流阀卸荷。

五、紧线操作

（1）紧线的准备工作应遵守下列规定：

1）按施工技术措施的规定进行现场布置及选择工器具。

2）杆塔的部件应齐全，螺栓应紧固。

3）紧线杆塔的临时拉线和补强措施以及导线、地线的临锚准备应设置完毕。

4）牵引锚桩距紧线杆塔的水平距离应满足安全施工技术的规定；锚桩布置与受力方向一致，并埋设可靠。

（2）紧线前应由专人检查下列工作：

1）通信通畅，障碍物及导线、地线跳槽应处理完毕。

2）埋入地下或临时绑扎的导线、地线必须挖出或解开；导线、地线应压接、升空完毕。

3）分裂导线不得相互绞扭，各交叉跨越处的安全措施可靠。

（3）紧线过程中，监护人员应遵守下列规定：

1）不得站在悬空导线、地线的垂直下方。展放导线的人员不得站在线圈内或线弯的内侧。

2）不得跨越将离地面的导线或地线；监视行人不得靠近牵引中的地线或导线。

3）传递信号必须即时、清晰；不得擅自离岗。

（4）紧线应使用卡线器，卡线器的规格必须与线材规格匹配，不得代用。

（5）耐张线夹安装应遵守下列规定：

1）高处安装导线、地线的耐张线夹时，必须采取防止跑线的可靠措施。

2）高处安装螺栓式线夹时，必须将螺栓装齐拧紧后方可回松牵引绳。

3）在杆塔上割线的线头应用绳索放下；地面安装时，导线、地线的锚固应可靠，锚固工作应由技工担任。

（6）挂线时，当连接金具接近挂线点时应停止牵引，然后作业人员方可从安全位置到挂线点操作；导线划印前必须采取防止跑线的可靠措施。

（7）挂线后应缓慢回松牵引绳，在调整拉线的同时应观察耐张金具和杆塔的受力变化情况。

（8）分裂导线的锚线作业应遵守下列规定：

1）导线在完成地面临锚后应及时在操作塔设置过轮临锚。

2）导线地面临锚和过轮临锚的设置应相互独立，工器具必须按各自能承受全部紧线张力选用。

六、导线、地线升空

（1）导线、地线升空作业应与紧张作业密切配合并逐步进行；在转角杆塔档内升空作业时，导线、地线的线弯内角侧不得有人。

（2）升空作业线必须使用压线装置，严禁直接用人力压线。

（3）压线滑车应设控制绳，压线钢丝绳回松应缓慢。

（4）升空场地在山沟时，升空的钢丝绳应有足够长度。

七、高处作业

（1）凡在坠落高度基准面 2m 及以上有可能坠落的高处作业均称为高处作业。不同高度的可能坠落范围半径见表 3–4。

表 3–4 不同高度的可能坠落范围半径 m

作业位置至其底部的垂直距离	2～5	5～15	15～30	30
其可能坠落范围半径	2	3	4	5

注 1. 通过最低坠落着落点的水平面称为坠落高度基准面。
2. 在作业位置可能坠落到最低点称为作业位置的最低坠落着落点。

（2）凡参加高处作业的人员，应每年进行一次体格检查，经县级及以上医院鉴定，患有不宜从事高处作业病症的人员不得参加高处作业。

（3）高处作业人员必须系好安全带或腰绳，安全带或腰绳必须系在牢固的构件上，并不得低挂高用。施工过程中，应随时检查安全带是否拴牢。

（4）高处作业所用的工具或材料应放在工具袋内或用绳索绑牢，上下传递物件应用绳索吊送，严禁抛扔。

（5）高处作业人员在转移作业位置时不得失去保护，手扶的构件必须牢固。

（6）高处作业人员应衣着灵便，穿软底鞋，并正确佩戴个人防护用品，工作前严禁饮酒。

（7）作业人员上下铁塔应沿脚钉或爬梯攀登，在间隔大的部位转移作业位置时，应增设临时扶手，不得沿单根构件上爬或下滑。

（8）在霜冻、雨雪后进行高处作业，应采取防滑措施。

（9）在带电体附近进行高处作业时，与带电体的最小安全距离必须满足表 3–5 规定，遇特殊情况达不到该要求时，必须采取可靠的安全技术措施，经总工程师批准后方可施工。

表 3–5　　高处作业与带电体的最小安全距离

项目	带电体的电压等级（kV）					
	≤ 10	35	110	220	330	500
工器具，安装构件，导线、地线等与带电体的距离（m）	2.0	3.5	4.0	5.0	6.0	7.0
作业人员的活动范围与带电体的距离（m）	1.7	2.0	2.5	4.0	5.0	6.0

（10）杆塔应避免上下交叉作业。上下交叉作业或多人在一处作业时，应相互照应，密切配合。

八、附件安装施工

（1）附件安装前，作业人员必须对专用工具和安全用具进行外观检查，不符合要求者严禁使用。

（2）在带电线路上方的导线上测量间隔棒距离时，应使用干燥的绝缘绳，严禁使用带金属丝的测绳。

（3）双钩紧器或链条葫芦应挂在横担的施工孔上提升导线；无施工孔时，承力点位置应经计算确定，并在绑扎处补垫软物。

（4）在跨越电力线路、铁路、公路或通航河流等的线段杆塔上安装附件时必须采取防止导线或地线坠落的措施。

（5）相邻杆塔不得同时在同相安装附件，作业点垂直下方不得有人。

（6）附件安装时，安全带应拴在横担主材上，不得拴在绝缘子串上；安装间隔棒时，安全带应拴在一根子导线上。

（7）拆除五轮放线滑车时，不得直接用人力松放。

（8）使用飞车应遵守下列规定：

1）导线张力应事先进行验算，其安全系数不得小于 2.5。

2）作业人员必须熟悉飞车的使用安全规定，并经过操作培训。

3）携带重量及行驶速度不得超过铭牌规定。

4）飞车越过带电线路时，飞车最下端（包括携带的工具和材料）与电力线的最小距离不得小于表 3–5 的规定，并设专人监护。

5）每次使用前应进行检查，飞车的前后活门必须关牢靠，刹车装置必须灵活可靠。

6）行驶中遇有接续管时应减速，安装间隔棒，前后轮应卡死；随车推带的工具和材料应绑扎牢固；导线上有冰霜时应停止使用。

九、平衡挂线施工安全措施

（1）高处断线时，作业人员不得站在滑车上操作；割断最后一根导线时，应注意防止滑车失稳晃动。

（2）待割的导线应在断线点两端事先用绳索绑牢，割断后应通过滑车将导线松落至地面。

（3）割断后的导线应在当天挂接完毕，不得在高处临锚过夜。

（4）平衡挂线时，严禁在耐张塔两侧的同相导线上进行其他作业。

十、预防电击

（1）张力放线时的接地应遵守下列要求：

1）架线前，施工段内的杆塔必须接好接地体并确认接地良好。

2）牵引设备及张力设备应可靠接地，操作人员应站在干燥的绝缘垫上，并不得与未站在绝缘垫上的人员接触。

3）牵引机及张力机的出线端在牵引绳及导线上必须安装接地滑车。

4）跨越不停电线路时，两侧杆塔的放线滑车应接地。

（2）紧线时的接地应遵守下列要求：

1）紧线段内的接地装置应完整并接触良好。

2）耐张塔挂线前，应用导体将耐张绝缘子串短接。

（3）为预防雷电以及临近高压电力线作业时，必须按安全技术规定装设可靠的接地装置；装设接地装置应遵守下列要求：

1）各种设备及作业人员的保安接地线的截面积均不得小于 $16mm^2$。

2）接地线应采用编织软铜线，不得使用其他导线。

3）接地线不得采用缠绕法连接，应使用专用夹具，连接应可靠。

4）接地棒宜镀锌，截面积不小于 $16mm^2$，插入地下的深度应大于 0.6m。

5）装设接地线时，必须先接接地端，后接导线或地线端；拆除时顺序相反。

6）挂接地线或拆接地线时必须设监护人；操作人员应使用绝缘棒（绳）戴

绝缘手套，并穿绝缘鞋。

（4）附件安装时的接地应遵守下列要求：

1）附件安装作业区间两端必须装设保安接地线。

2）作业人员必须在装设保安接地线后，方可进行附件安装。

3）附件安装前，必须采取接地措施；附件（包括跳线）全部安装完毕后，应保留部分接地线并做好记录，竣工验收后方可拆除。

十一、不停电跨越与停电作业

1. 不停电跨越作业的一般要求

（1）在带电体附近作业时，人身与带电体之间的最小安全距离必须满足表 3–5 的规定。

（2）起重工具和临时地锚应根据其重要程度将安全系数提高 20% ～ 40%。

（3）不停电跨越 330kV 及以下高压线路，必须编制施工方案报上级批准，并征得运行单位同意，按规定履行手续；施工期间应请运行单位派人到现场监督施工。

（4）绝缘工具必须定期进行绝缘实验，其绝缘性能必须满足表 3–6 要求，每次使用前必须进行外观检查。

表 3–6　　常用电气绝缘工具实验一览表

序号	名称	电压等级（kV）	有效期	交流电压（kV）	时间（min）	泄漏电流（mA）	备注
1	绝缘棒	6 ～ 10	一年	44	5	4	
		35 ～ 110		4 倍相电压			
		220		3 倍相电压			
2	验电笔	6 ～ 10	六个月	40	5	—	发光电压不高于额定电压的 25%
		35		105			
3	绝缘手套	高压		8	1	≤ 8	
		低压		2.5		≤ 2.5	
4	橡胶绝缘靴	高压		15	1	≤ 7.5	
5	绝缘绳	高压		105/0.5	5	—	

（5）绝缘工具的有效长度不得小于表 3–7 的规定。

表 3–7　　绝缘工具的有效长度

工具名称	带电体的电压等级（kV）						
	10	35	63	110	220	330	500
绝缘操纵杆（m）	0.7	0.9	1.0	1.3	2.1	3.1	4.0
绝缘承力工具、绝缘绳索（m）	0.4	0.6	0.7	1.0	1.8	2.8	3.7

注　传递用绝缘绳索的有效长度，应按绝缘操作杆的有效长度考虑。被考虑的带电线路在施工期间，其自动重合闸装置必须退出运行，发生故障时严禁强行送电。

（6）临近带电体作业时，上下传递物件必须使用绝缘绳索，作业全过程必须专人监护。

（7）遇浓雾、雨、雪以及风力在 5 级以上天气时应停止作业。

2. 有越线架不停电架线

（1）越线架的搭设和拆除，应在被跨越电力线停电后进行。

（2）越线架的宽度应超出新建线路两边各 2m；跨越电气化铁路和 35kV 及以上电力线路的越线架，应使用绝缘尼龙绳（网）封顶。

（3）越线架与带电体间的最小安全距离在考虑施工期间的最大风偏后不得小于表 3–8 的规定。

表 3–8　　越线架与带电体的最小安全距离

越线架部位	被跨越电力线路等级（kV）			
	≤ 10	35	63 ～ 110	220
架面与导线的水平（m）	1.5	1.5	2.0	2.5
无地线时，封顶网（杆）与带电体的垂直距离（m）	1.5	1.5	2.0	2.5
有地线时，封顶网（杆）与带电体的垂直距离（m）	0.5	0.5	1.0	1.5

（4）跨越电气化铁路时，越线架与带电体的最小安全距离，必须满足对 35kV 电压等级的有关规定。

（5）跨越不停电线路时，作业人员不得在越线架内侧攀登或作业，并严禁从封顶架上通过。

（6）导线、地线通过越线架时，应用绝缘绳作引绳；引渡或牵引过程中，架上不得有人。

3. 无越线架不停电架线

无越线架带电跨越电力线施工，必须按《电业安全工作规程（电力线路部分)》(DL 409—1991)的有关规定执行，并由带电作业专业人员承担。

4. 停电作业

(1)停电作业前，施工单位应向运行单位提出停电申请，并办理工作票。

(2)停电、送电工作必须指定专人负责，严禁采用口头或约时停电、约时送电的方式进行任何工作。

(3)在未接到停电工作命令前，严禁任何人接近带电体。

(4)在接到停电工作命令后，必须首先进行验电；验电必须使用相同电压等级的合格的验电器。验电时必须戴绝缘手套并逐相进行；验电必须设专人监护。同杆塔设有多层电力线时，应先验低压、后验高压，先验下层、后验上层。

(5)验明线路确实无电压后，必须立即在作业范围的两端挂工作接地线，同时将三相短路；凡有可能送电到停电线路的分支线也必须挂工作接地线。同杆塔设有多层电力线时，应先挂低压、后挂高压，先挂下层、后挂上层。

(6)工作间断或过夜时，施工段内的全部工作接地线必须保留；恢复作业前，必须检查接地线是否完整、可靠。

(7)施工结束后，现场作业负责人必须对现场进行全面检查，待全部作业人员(包括工具、材料等)撤离杆塔后，方可命令拆除停电线路上的工作接地线；接地线一经拆除，该线路即视为带电，严禁任何人进入带电危险区。

十二、架线阶段环境保护

(1)在架线阶段造成环境(植被)破坏的因素主要包括：

1)在放导引绳时人员对植被及农作物的破坏。

2)牵引场、张力场、升空场等在敷设地锚时对植被的破坏。

(2)采取的主要环境保护措施如下：

1)用经纬仪测量指挥在线路中心线上砍一条2m宽的通道，以确保导引绳腾空不受阻。

2)将导引绳盘成小盘，沿砍伐通道用人力逐次展放，不得留有余线，各导引绳左、右不得相互交叉。

3)当导引绳展放好后，各档距视档距大小设置若干个一侧开口的压线滑车，所有的压线滑车用尼龙绳锚固在地上；抽紧导引绳，当导引绳张力达到1t时，处在山谷底的导引绳就具备腾空条件，然后缓慢松出固定压线滑车的尼龙绳，使导引绳升到高于受控段的林区树梢以上，待该谷底导引绳完全离开地面，并确认没有被挂着的可能性时，拉动压线滑车顶部的控制绳，使压线滑车脱离导引绳，从而使导引绳腾空飞起。导引绳腾空次序由山谷底逐次向塔位方向、由档距中央向两侧逐次推进。由于靠近铁塔一段导引绳在地面位置与就位位置偏离角度较大，张力也较大，因此，各靠近铁塔的压线滑车一定要锚牢固。

4）导引绳升空次序。先升地线，后升两侧导线，最后升中导线；展放导引绳次序刚好相反。

5）在工作结束后，必须恢复被破坏植被，开挖的弃土全部回填到地锚坑。

第十二节　风电工程施工

一、一般要求

（1）参加施工的工人，要熟悉本工种的安全技术操作规程。操作中应坚守岗位，严禁酒后操作。

（2）电工、焊工、超重机操作及指挥等，须经过专门培训，考核合格，并持有特种作业证或者特种设备作业人员证，方准独立操作。

（3）正确使用个人防护用品和安全防护设施。进入现场必须戴安全帽，距地面 3m 以上要有防护栏杆、挡板或安全网。安全网、安全帽应按规定使用，定期检查，不符合要求的严禁使用。

（4）施工现场的各种机具设备、材料、构件、设施等要按施工平面图放置和布置，保证现场整洁。

（5）施工现场的洞、坑、沟、预留孔、升降口、电梯口、楼梯口、通道口等危险处，要设有盖板、围栏、安全网等防护设施用明显标志。

（6）施工现场要有交通指示标志。交通频繁的交叉路口应指挥；道口两侧应设落杆；危险地区要悬挂“危险牌”或“禁止通行”牌，夜间设红灯示警。

（7）施工现场要设消防栓，备有足够的、有效的灭火器材，用水方便，道路畅通。木工棚、钢筋加工车间、宿舍区要设灭火器和砂箱；焊接、切割等明火作业选在安全地点，由专人负责。严禁在易燃、易爆品的附近明火或吸烟。

（8）施工现场应设有门卫，做好防盗、防火、预防治安灾害事故的工作。

（9）现场的安全设施、安全标志和警示牌，非经现场施工负责人同意，不得擅自拆动。

（10）不得光脚或穿拖鞋、高跟鞋进入施工现场；不准穿裙子进入作业区；不准在施工时任意抛掷工具、物件；不准在作业时打闹、戏耍。

（11）在没有防护设施的高空、陡坡施工必须系安全带，佩戴安全带必须坚持高挂低用原则。

（12）高处作业安全防护设施应逐项检查和验收，验收合格后，方可移交使用。

（13）高空作业衣着要灵便，禁止穿硬底、带钉、易滑的鞋；传递物品禁止抛掷。

（14）超过4m高的建筑，须有上、下走道，严禁施工人员爬梯子或坐高空起重吊篮。

二、施工用电

（1）应独立编制施工用电施工组织设计。

（2）配电室做到“五防一通”［五防包括：①防止误分、合断路器；②防止带负荷分、合隔离开关；③防止带电挂（合）接地线（接地开关）；④防止带地线送电，也就是防止带接地线（接地开关）合断路器（隔离开关）；⑤防止误入带电间隔。一通是指保持通风良好］，保持干燥，并配备两个干粉灭火器及安全用具，门配锁且向外开，并挂“有电危险”等安全警示牌。配电屏上各配电线路编号且标明用途。

（3）架空线设在专用电杆上。电杆档距为20～25m，导线相序按规范排列。

（4）配电箱进出线从箱体底面进出，并套管分路成束，支线架设采用绝缘子固定，电缆不得有老化、破损和漏电现象。

（5）采用住房和城乡建设部推荐的标准配电箱、开关箱和漏电保护器等。电箱设有防雨、防砸、防尘措施并设门设锁。

（6）固定式电箱箱底离地1.4m，并安装在方便操作的地方。移动式电箱箱底离地0.6m。

（7）动力和照明分别单独设置电箱，电箱内各开关设备分别标明用途。

（8）每台用电设备须有专用开关箱，开关箱与设备实行“一机一闸一漏一箱”，各级电箱合理选用匹配的额定动作电流漏电保护器。

（9）使用与线路、用电设备的实际负荷相匹配的开关及熔断器的熔丝。

（10）使用电动工具应穿胶鞋，湿手不得接触开关，电源不得有破皮漏电。

（11）禁止在电线附近进行起吊工作。

（12）导线、地线禁止与钢丝绳接触，不得用钢丝绳或机电设备代替零线，所有地线接头必须连接牢固。

（13）电工、焊工对所有绝缘电器和检验工具应妥善保管，严禁他用并定期检查校验。

（14）各种机械设备的金属外壳均接零保护。钢管式外脚手架等均设可靠的避雷装置，对接地设备要按规程要求，并定期进行测试，不符合要求及时整改，要做好测试记录表。接地电阻严格控制在10Ω内。

（15）潜水泵使用前要检查合格，防止漏电，并有专人看护抽水。

（16）现场照明单相回路内的照明开关箱装设匹配的漏电保护器。

（17）施工现场用电由专职电工严格按规范要求布设，并严格遵守《施工现场临时用电安全技术规范》（JGJ 46—2005）的有关规定。

三、施工机具

（1）每台机械均装设匹配的漏电保护器，金属外壳均接零保护。实行“一机一闸一漏一箱”。

（2）平刨、圆锯均设置可靠的护手安全装置，圆锯使用单向电动开关。

（3）手持电动工具按规范要求设置匹配的漏电保护器，使用无破损的电源线。

（4）电焊机必须有完整的防护外壳，且外壳接零保护，进线处必须设置防护罩。露天使用设有防雨措施，焊把、把线必须绝缘良好。焊机必须安装配的漏电保护器。

（5）氧气瓶、乙炔瓶等各种气瓶有明显标志且设有防震胶圈和防爆晒措施，各种气体均经常检查，发现泄漏及时处理。

四、风机设备安装

（1）安装前（过程中）应对吊车、起吊设备、安全设施进行必要的维护检查，如果发现问题应立即报告现场负责人，并进行处理。

（2）大型起吊设备必须在地基结实，起吊安全方便的位置停放并垫好路基板。

（3）吊装过程中，必须由专人统一指挥，统一信号，作业人员必须分工明确、各司其职，做到忙而不乱，仔细认真，指挥人员应站在操作人员能看清指挥信号的位置。

（4）高空作业时，至少应有两人配合工作，同时应佩戴安全帽和安全带。安全带的挂钩应系在已固定好的主要构件上，禁止系在可动的次要构件上。在塔架上或在机舱内工作所用的工具和材料等一律用索具传递，不得乱扔。

（5）吊装过程中应随时观察起重设备、吊装附件和索具等的情况。若发现有影响稳定和安全方面的任何疑问时，应立即停止工作，进行检查。

（6）恶劣天气特别是雷雨天气，禁止进行安装工作，工作人员不得滞留现场。

（7）在起重设备工作期间，吊臂下和起吊物上、下不得有人。

（8）在每一吊装程序结束前，所吊装的部件、构件或节段必须完全固定好，禁止用临时绑扎代替安装螺栓。在吊装的部件、构件或节段的拼合部位的稳定得到保证后，起重机才能摘钩。

（9）第一、第二节塔筒、机舱吊装时，平均风速不超过 10.8m/s（轮毂高度 10min 平均值）或阵风不超过 12m/s（轮毂高度 2min 平均值）。

（10）第三节塔筒、发电机、叶轮吊装时，平均风速不超过 8m/s（轮毂高度 10min 平均值）或阵风不超过 10m/s（轮毂高度 2min 平均值）。避免夜晚进行吊装。

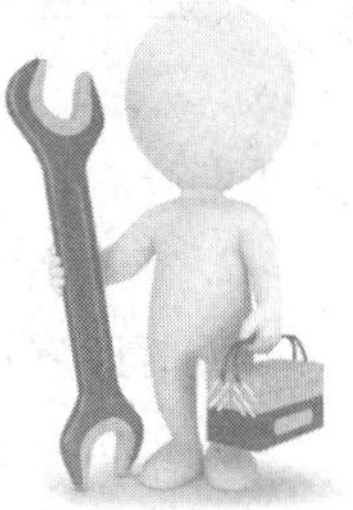

第四章　施工现场临时用电

第一节　编制临时用电施工组织设计

临时用电设备在5台及其以上或设备总容量在50kW及以上的，均应编制临时用电施工组织设计。临时用电设备不足5台和设备总容量不足50kW的，应编制安全用电技术措施和电气防火措施。临时用电施工组织设计应由电气技术人员编制，由项目部技术负责人审核，经主管部门批准后实施。临时用电施工组织设计的主要内容应包括：①现场勘察；②确定电源进线，变电站、配电室、总配电箱、分配电箱等地点位置及线路走向；③进行负荷计算；④选择变压器容量、导线截面积和电器的类型、规格；⑤绘制电气平面图、立面图和接线系统图；⑥制定安全用电技术措施和电气防火措施。

1. 现场勘测

根据总平面图进入施工现场勘探，了解建筑物所在的位置，待建工程与已建工程的关系，测绘地形、地下有无上下水管线或其他管线。周围有无外电架空线路，了解清楚外电线路电压等级及距建筑物的安全距离，确定电源变压器位置、电源进线位置、总配电室位置。

根据施工总平面图中新建建筑工程单体数量、机械设备布置、加工车间布置（钢筋加工、木工加工等），职工宿舍、办公室位置，确定总配电柜内供电回路，分配电箱数量、开关箱数量及移动配电箱数量，同时根据设备、照明情况确定分配电箱回路数。统计用电机械设备台数、容量并汇总（有桩基工程可根据实际用电设备容量考虑）附表“施工现场用电量统计表”。

根据施工总平面布置图初步确定总配电室、分配电箱、开关箱位置及电缆线路走向，并根据勘测情况初步确定电缆敷设方式（直埋、电缆沟、穿保护管等）。

这项工作对施工组织设计和编制非常重要，是施工临时用电编制的关键，也是保证用电安全、可靠，满足施工需要，减少投资和重复工作的关键，必须引起高度重视。

2. 负荷计算

负荷计算目前主要采用需用系数法。

3. 选择变压器

根据负荷计算结果选择变压器容量或根据计算结果校验甲方提供的变压器是否满足施工用电要求。

4. 选择导线截面积和电器的类型、规格

根据负荷计算设计总配、分配、开关箱回路、选择开关。选择电缆、导线截面。同时最后确定总配电柜、分配电箱、开关箱内部布置及外形尺寸。

5. 设计接地与防雷装置

（1）临时接地极、接地干线的设置。

（2）防雷装置主要包括塔吊、井架、人货电梯、外架、职工宿舍、办公楼、临时钢管结构架（机场照明灯架）等。

6. 施工用电安全用电技术措施

安全用电技术措施包括两个方面的内容：一是安全用电在技术上所采取的措施；二是为了保证安全用电和供电的可靠性在组织上所采取的各种措施，它包括各种制度的建立、组织管理等一系列内容。①保护接零措施。②供电系统配置按“三级配电、二级漏电保护”要求设置。用电设备采用“一机一闸一漏一箱”配置，确保供电系统安全可靠。③地下室、楼梯间等采用低压 36V 照明等。④分配电箱与开关箱距离不应大于 30m，开关箱与用电设备不应大于 3m。⑤配电箱、开关箱中进出线必须设在箱底面，严禁设在箱体上顶面、侧面、后面或箱门处。⑥配电箱、开关箱安装应牢固，箱底距地标高均为 1.3m，固定方式必须统一。移动配电箱设置 0.6m 高固定支架。⑦电气设备安装要求。⑧电气设备的防护要求。

7. 绘制临时用电工程图纸

绘制临时用电工程图纸包括“临时用电施工平面图”“临时用电供电系统图”“楼层供电系统示意图”“配电柜立面布置图”“接地装置设计图”等。

8. 制定安全用电措施和电气防火措施

制定安全用电措施和电气防火措施（这个主要是针对设备 5 台以下和总容量 50kW 以下）：

（1）现场用电管理负责人，负责各种电机设备的管理，并对电气施工人员的用电操作进行监督和施工现场用电安全的检查工作。

（2）电气工作人员必须严格遵守用电操作规程，必须执行交接班记录工作。

（3）现场的临时用电的线缆必须埋地或架空，埋地式地面要设标记。

（4）工作人员对进入施工现场的各种电机和机械设备必须进行检查，必要时进行绝缘性能测定和接地保护，定期对漏电保护器试验并做好记录，符合要求使用。

（5）配电箱位置按组织设计布置，配电箱必须有符合要求的接地装置，必须实行一机、一闸、一漏、一箱制，箱门上锁，箱内无杂物。

（6）临时用电设备必须符合操作规程。大型机械防雷接地需符合《施工现场临时用电安全技术规范》（JGJ 46—2005），《建筑施工安全检查标准》（JGJ 59—2011）要求。

（7）熔丝规格按计算确定，禁止用金属丝代替熔丝。

（8）架空线路用杆设置架空，杆距 30m，高度 4m ～ 6m，线路平直，在通道处经过上面搭接防护棚保护。

（9）需从供电线路上引到用电接线时，必须从电杆处引下进入电箱。各用电设备必须装备与设备功率相应的隔离开关，其高度与装设点应便于操作，单机使用，不允许一闸多机使用，配电箱及隔离开关在室外装配时，应有防雨措施，严防漏电、短路及触电事故的发生。所有配电箱、总配电箱、大型用电机具必须有防火措施。

（10）施工现场防火措施。对职工进行思想教育，动员大家发扬主人翁精神，人人参与，发现有火灾隐患应及时采取相对应的措施，并上报有关领导，立即采取措施，彻底消灭隐患，杜绝事故的发生。领导部门对有特殊贡献的职工给予奖励。

第二节　施工现场电气工作人员的基本要求与职责

一、电气专业技术人员

1. 基本要求

（1）接受过系统的电气专业培训，掌握安全用电的基本知识和各种机械设备、电气设备性能，熟知《施工现场临时用电安全技术规范》（JGJ 46—2005）及其他用电规范。

（2）掌握触电急救方法。

（3）熟知电气事故的种类、危害，掌握事故的规律性和处理事故的方法，熟知事故报告规程。

（4）能独立编制临时用电施工组织设计。

（5）熟知用电安全操作规程及技术、组织措施等。

（6）掌握调度管理要求和用电管理规定。

2. 职责

（1）编制施工现场临时用电施工组织设计并指导安全施工。

（2）对临时用电设施和用电设备进行验收。

（3）与电工和安装人员进行安全技术交流。

（4）对施工现场进行用电管理和调度管理。

（5）定期组织或参加施工现场的电气安全检查活动，发现问题及时予以解决。

（6）指定施工现场临时用电管理制度和责任制。

（7）建立健全施工现场临时用电的技术档案。

（8）经常性地对电工及其他用电人员进行安全用电教育。

（9）参与电气事故的处理，分析事故原因，找到薄弱环节，采取针对性措施，预防同类事故发生。

二、电工

1. 基本要求

（1）年满 18 周岁，身体健康，无妨碍从事本职工作的病症和生理缺陷，具有初中以上文化程度，具有电工安全技术、电工基础理论和专业技术知识，并有一定的实践经验。

（2）电工等级应同临时用电工程的技术难易程度和复杂性相适应，对于应由高等级电工完成的工作不能指派低等级的电工去做。

（3）维修、安装或拆除临时用电工程必须由电工完成，该电工必须持有特种作业操作证，且在有效期内。

（4）熟悉触电伤害的种类、发生原因及触电方式，了解电流对人体的危害、触电事故发生的规律，并能对触电者采取急救措施。

（5）应了解电气事故的种类和危害、电气安全特点及其重要性，能正确处理电气事故。

（6）了解漏电保护器的类型、原理和特性，能根据实际合理选用漏电保护器，能正确接线、使用、维护和测试。

（7）掌握安全电压的选择及应用。应了解绝缘、屏护、安全距离等防止直接电击的安全措施，绝缘损坏的原因、绝缘指标，掌握防止绝缘损坏的技术要求及绝缘测试方法。

（8）了解各种保护系统，掌握应用范围、基本技术要求和使用、维修方法。

（9）了解电气火灾形成原因及预防措施，懂得电器火灾的补救程序，合理选择使用及保管灭火器材。

（10）了解电气安全保护用具的种类、性能及用途，掌握使用、保管方法和实验周期、实验标准。

（11）了解雷电形成原因及其对用电设备、人畜的危害，掌握防雷保护的要求及预防措施。

（12）了解静电的特点、危害性及产生原因，掌握防静电基本方法。

（13）了解施工现场特点，了解潮湿、高温、易燃、易爆、导电性、腐蚀性气体或蒸汽，强电磁场、导电性物体、金属容器，地沟、隧道、井下等环境条件对电气设备和安全操作的影响，能知道在相应的环境条件下设备选型、运行、维修的电气安全技术要求。

（14）了解施工现场周围环境对电气设备安全运行的影响，掌握相应的防范事故的措施。了解电气设备的过负荷、短路、欠电压、失电压、断相等保护的原理，掌握本岗位中电气设备保护方式的选择和保护装置及二次回路的安装调试技术，掌握本岗位中电气设备的性能、主要技术参数及其安装、运行、检修、维护、测试等技术标准和安全技术要求。

（15）掌握照明装置、移动电具、手持式电动工具及临时供电线路安装、运行、维修的安全技术要求。

（16）掌握与电工作业有关的登高、机械、起重、搬运、挖掘、焊接、爆破等作业的安全技术要求。

（17）了解本岗位电气系统的线路走向、设备分布情况、编号、运行方式、操作步骤和事故处理程序。

（18）掌握静电感应的原理及在临近带电设备或有可能产生感应电压的设备上工作时的安全技术要求。

（19）了解带电作业的理论知识，掌握相应带电操作技术和安全要求。

（20）了解用电管理规定和调度程序与施工现场用电管理各项制度及电工作业安全的组织措施和技术措施。

（21）对于新从事电工作业的人员，必须在持证人员的现场指导下进行，见习或学徒期满后方可考核取证，取得操作证的电工人员必须定期进行复审，未经复审或者复审不合格的，不得继续独立作业。

2. 职责

（1）定期做绝缘电阻测试并记录。

（2）根据施工图纸和施工组织设计进行电气安装。

（3）做好漏电保护器的测试并记录和巡视工作，定期对电气设备进行检查。

（4）定期做接地电阻测试并记录。

（5）参与用电事故的处理，分析原因。

（6）做好日常电器设备的维修并记录。

三、机电设备操作人员

1. 基本要求

（1）掌握安全用电基本知识及所使用设备的性能和所使用设备电气事故的紧急措施。

（2）了解使用设备须穿戴的劳动保护用品和本机的电器保护系统。

2. 职责

（1）正确送电、断电，锁好开关箱；经常检查电气装置和保护设施的完好情况。

（2）负责保护所使用设备的负荷线、保护中性线和开关箱等，发现问题及时报告解决。

（3）搬迁、移动或拆卸用电设备等电气方面的问题必须经电工处理，操作工不得擅自处理。

四、项目经理及临时用电负责人的职责

1. 项目经理

（1）对本项目全体人员安全用电和保证临时用电工程符合国家标准负直接领导责任。

（2）负责配备一名电气技术负责人和保证满足施工需要量的合格电工。

（3）负责参与组织编制临时用电方案工作。

（4）负责提供给电工、电焊工、用电人员必备的基本安全用具、辅助安全用具以及电气保护装置的检查工作。

（5）负责组织制定购买和使用合格电气产品的保证措施，并提倡使用性能可靠的新产品。

（6）负责组织对电工及用电人员的教育培训工作。

2. 临时用电负责人

（1）认真贯彻执行国家施工现场临时用电工程相关标准。对电工及用电人员的操作行为负直接管理责任。

（2）协助项目经理落实施工现场临时用电安全管理岗位责任制及有关用电管理制度。

（3）负责对电工作业中（安装、拆除、维修、调试与检测等）分项工程进行安全技术交底。

（4）负责参与编制及修改《临时用电施工组织设计》。

（5）负责施工现场临时用电工程各项设施的使用符合规范的指导和监督。

（6）协助项目负责人对现场施工人员进行安全用电知识教育。

（7）协助项目总工程师对临时用电工程进行检查验收。

（8）负责组织电工对电气设备进行试验、检测、调试。定期对现场用电情况进行检查评估，提出整改意见并按时进行复查。

（9）发现事故隐患有权停止作业，并根据有关规定对违章、违规用电人员提出处理意见。

（10）负责建立现场临时用电管理台账等有关用电安全技术档案。

第三节　施工现场电气照明安全

一、安全距离与外电防护

外电线路是指施工现场临时用电线路以外的任何电力线路。

（1）不得在高、低压线路下方施工、搭设临时设施或堆放物件、架具、材料及其他杂物。

（2）安全距离。

1）在建工程（包括脚手架）的外侧与架空线路之间的最小安全距离 1kV 不小于 4m，1 ～ 10kV 不小于 6m，35 ～ 110kV 不小于 8m。架空导线最大弧垂与施工现场地面最小距离不小于 4.0m 与机动车道不小于 6.0m。

2）起重臂或被吊物边缘与 10kV 的架空线路水平距离不小于 2m。

3）机动车道与外电架空线路交叉的最小距离1kV以下时为6m，10kV以下为7m。

（3）外电防护。

1）达不到安全距离要求，必须采取防护措施，增设屏障、遮栏、围栏或保护网，并悬挂醒目的警告标志牌。

2）带电体至遮栏的安全距离10kV应大于95cm，35kV应大于115cm。

3）带电体至栅栏（封闭）的安全距离10kV应大于30cm，35kV应大于50cm。

4）在架设防护设施时，应有电气技术人员或专职安全员监护。

5）无法防护时必须采取停电，迁移线路或更改工程位置，否则不准施工。

二、电缆线路

（1）电缆干线应采用埋地或架空敷设，严禁沿地面明设，并应避免机械损伤和介质腐蚀。

（2）橡皮电缆架空敷设时，应沿墙壁或电杆设置，并用绝缘子固定，严禁使用金属裸线作绑线。橡皮电缆的最大弧垂距地面不得小于2.5m。

（3）电缆穿越建（构）筑物、道路、易受机械损伤的场所及引出地面从2m高度至地下0.2m处，必须加设防护套管。

（4）在高层建筑的临时电缆配电必须采用电缆埋地引入。电缆垂直敷设的位置充分利用在建工程的竖井、电梯孔等，并应靠近电负荷中心，固定点每层楼不得少于一处。电缆水平敷设宜沿墙或门口固定，最大弧垂距地不小于1.8m。

三、配电柜（盘）、配电箱及开关箱

（1）配电系统应设置总配电柜（盘）和分配电箱，实行分级配电。

（2）配电箱。动力配电箱与照明开关箱宜分别设置，如合用一个配电箱，动力和照明线路应分别设置。

（3）总配电箱应设在靠近电源的地区，分配电箱应装在用电设备或负荷相对集中的地区。分配电箱与开关箱的距离不得超过30m。开关箱与其控制的固定用电设备的水平距离不宜超过3m。

（4）配电箱、开关箱应采用铁板或优质绝缘材料制作。安装应端正牢固，箱下底与地面的距离为1.3～1.5m。移动式开关箱应装设在坚固的支架上，下底离地面为0.6～1.5m。进出线必须采用橡皮绝缘电缆。

（5）配电箱、开关箱周围应有足够两人，同时工作的空间和通道、不得堆放任何妨碍操作、维修的物品；不得有灌木、杂草。

（6）箱内的工作零线应通过接线端子板连接，并应与保护零线接线端子分设。

（7）配电箱、开关箱内的开关电器（含插座）应紧固在电器安装板上，并便于操作（间隙 5cm）不得歪斜和松动。电线应用绝缘导线，剥头不得外露，接头不得松动。

（8）箱体的金属外壳应做保护按零（或接地），保护零线必须通过接线端子板连接。

（9）配电箱、开关必须防雨、防尘。导线的进线口和出线口应设在箱体的下底面，并要求上部为电源端，严禁设在箱体的上顶面、侧面、后面或箱门处。

（10）进、出线应加护套分路成束并做防水弯，导线束不得与箱体进出口直接接触。

四、电器装置的选择

（1）配电箱、开关箱内的电器设备必须可靠完好，不准使用破损、不合格的电器。熔断器的熔体应与用电设备容量相适应。

（2）总配电箱或分配电箱均应装设总闸隔离开关和分路隔离开关，总熔断器和分路熔断器（或总自动开关和分路自动开关）以及漏电保护器（若漏电保护器同时具备过负荷和短路保护功能，则可不设分路熔断器或分路自动开关）。

（3）每台设备应有独立的开关箱、实行一机一闸制，严禁用一个电器开关直接控制两台及两台以上用电设备（含插座）。

（4）使用于潮湿和腐蚀介质场所的漏电保护器应采用防溅型产品。

（5）现场用电设备除做保护接零外，都必须在设备负荷线的首端处安装漏电保护器。

（6）对新购置或搁置已久重新使用和使用一个月以上的漏电保护器应认真检验其特性，发现问题及时修理或更换。

（7）购置漏电保护器必须是国家定点生产厂或经过有关部门正式认可的产品。

（8）手动闸刀开关只允许用于控制照明电路和容量不大于 5.5kW 的动力电路作直接启动。容量大于 5.5kW 的动力电路应采用自动开关电器或降压启动装置控制。

（9）移动电动工具和手动电动工具必须加装单独的电源开关和高灵敏动作的漏电保护器。

（10）电焊机的外壳应可靠接地，不得多台串联。电焊把必须绝缘良好。

五、使用与维护

（1）所有开关箱门应配锁，由专人负责，开关箱应标明用途和所控设备。

（2）配电箱、开关箱每月检查维修一次，必须由专业电工进行。电工必须按规定穿戴好防护用品和使用绝缘工具。

（3）送电操作过程：总配电箱—分配电箱—开关箱；停电操作过程：开关箱—分配电箱—总配电箱（特殊情况除外）。

（4）施工现场停电 1h 以上时，应切断电源，锁好开关箱。

（5）配电箱、开关箱内不得放置任何杂物，并应保持清洁。

（6）熔断器的熔体（熔丝）更换时，严禁用不符合规格的熔体或其他金属裸线代替。

（7）接引电源工作必须由维护电工进行，并应设专人进行监护，严禁非电工拆装电气设备，严禁乱拉、乱接电源。

六、照明

（1）在潮湿或特别潮湿的场所，选用密闭型防水、防尘照明器或配有防水灯头的开启式照明器。

（2）在一个工作场所内，不得只装设局部照明。

（3）对有爆炸和火灾危险的场所，必须安装与危险场所等级相适应的照明器。

（4）在正常湿度时，选用开启式照明器（一般灯具）。

（5）在振动较大的场所，选用防振型照明器。

（6）在特殊场所照明应使用安全电压照明器，在潮湿和易触及带电体场所电压不大于 24V，在特别潮湿的场所和导电良好的地面或金属器内工作照明灯电压不得大于 12V。

（7）照明器具和器材的质量应合格，不得使用绝缘老化或破损的器具和器材。

（8）在单相及二相线路中零线与相线截面积相同；在三相四线制线路中，当照明灯为白炽灯时，零线截面积为相线 1/2，当照明灯具为气体放电灯或逐相切断的三相照明电路中零线截面积按最大负荷相的电流选择。

（9）照明灯具的金属外壳必须做保护接零。单相照明回路的开关箱（板）内必装设漏电保护器，实行左零右火制。

（10）罗口灯头的绝缘外壳不得有损伤和漏电，相线（火线）应接在中心触头上，零线接在罗口相连的一端。

（11）暂设工程的灯具宜采用拉线开关，拉线开关距地面距离为 2 ～ 3m，其他开关距地面高度为 1.3m，与出入口的水平距离为 0.15 ～ 0.20m。严禁将插座与搬把开关靠近装设，严禁在床上装设开关。

（12）不得把照明线路挂设在脚手架以及无绝缘措施的金属构件上，移动照明导线应采用电缆线，不宜采用其他软线。手持照明灯具应使用安全电压，照明零线严禁通过熔断器。

（13）电器、灯具的相线必须经开关控制，不得将相线直接引入灯具。

（14）室外灯具距地面不得低于 3m，室内灯具距地面不低于 2.5m。

七、接地与防雷

（1）当施工现场与外电线路共用同一供电系统时，电气设备应根据当地的要求做保护接零或做好保护接地。不得一部分设备做保护接零，另一部分设备做保护接地。

（2）在施工现场专用的中心点直接接地的电力线路中，必须采取接零保护系统。电器设备的金属外壳必须与专用保护零线连接。专用保护零线应由工作接地，配电室零线或第一级漏电保护器电源侧的零线引出。

（3）保护零线不得装设开关或熔断器。保护零线应单独设置，不作他用，重复接地线应与保护零线相连接。

（4）电力变压器或发电机的工作接地电阻值不得大于 4Ω。

（5）保护零线使用铜线的截面积不小于 $10mm^2$，使用铝线的截面积不小于 $16mm^2$，与电气设备相连的保护零线可用不小于 $2.5mm^2$ 的绝缘多股铜线。

（6）保护零线统一标志为绿 / 黄双色线（以前为黑色），在任何情况下不准使用绿 / 黄双色线作负荷线。

（7）垂直接地体应采用角铁、镀锌铁管，或圆钢、长度为 1.5 ～ 2.5m，露出地面 10 ～ 15cm，接地线与垂直接地体连接应采用焊接或螺栓连接，禁止采用绑扎的方法。

（8）保护零线除必须在配电室或总配电箱处做重复接地外，还必须在配电线路的中间处和末端处做重复接地。重复接地电阻值不大于10Ω。

（9）不得用铝导体做接地体或地下接地线，垂直接地体不宜采用螺纹钢。

（10）施工现场所有用电设备，除做保护接零外，必须在设备负荷线的首端处设置漏电保护装置。

第四节 施工现场带电作业防护

一、一般要求

（1）所有绝缘、检验工具，应妥善保管，严禁他用，并应定期检查、检验。

（2）现场施工用高低压设备及线路，应按照施工设计及有关电气安全技术规程安装和架设。

（3）喷灯不得漏气、漏油及堵塞，不得在易燃、易爆场所点火使用，工作完毕，灭火放气。

（4）线路上禁止带负荷接电或断电，并禁止带电操作。

（5）熔化焊锡，锡块、工具要干燥，防止爆溅。

（6）有人触电，立即切断电源，进行急救；电气着火，应立即将有关电源切断，使用泡沫灭火器或干砂灭火。

（7）配制环氧树脂及沥青电缆胶时，操作地点应通风良好，并须戴好防护用品。

（8）不得使用锡焊容器盛装热电缆胶，高空浇注时，下方不得有人。

二、设备及内线安装

（1）安装高压油开关、自动空气开关等有返回弹簧的开关设备时，应将开关置于断开位置。剔槽打眼时，锤头不得松动，铲子应无卷边、裂纹、戴好防护眼镜。墙后不得有人靠近。安装照明线路，不准直接在板条天棚或隔音板上通行及堆放材料。必须通行时，应在大楞上铺设脚手板。

（2）多台配电箱（盘）并列安装时，手指不得放在两盘拼合处，也不得触摸连接螺孔。

（3）人力弯管器弯管，应选好场地，防止滑倒和坠落，操作时面部要避开。

（4）管子穿带线时，不得对管口呼唤、吹气，防止带线弹力勾眼。穿导线时，应互相配合防止挤手。

三、外线及电缆工程

电杆用车搬运，应捆绑卡牢。人抬时，动作一致，电杆不得离地过高。人工立杆，所有叉木应坚固完好，操作时，互相配合，用力均衡。机械立杆，两侧应设溜绳。立杆时坑内不得有人，基坑夯实后，方准拆叉木或拖拉绳。登杆前，杆应夯实、牢固。旧木杆杆根单侧腐朽深度超过杆直径 1/8 以上时，应经加固后，方能登杆。登杆操作脚扣应与杆径相适应，使用脚踏板，钩子应向上。安全带应拴于安全可靠处，扣环扣牢，不准拴于瓷瓶或横担上。工具、材料应用绳索传递，禁止上下抛扔。杆上紧线应侧向操作，并将夹头螺栓拧紧，紧有角度的导线时，应在外侧作业。调整拉线时，杆上不得有人。紧线用的铁丝或钢丝绳，应能承受全部拉力，与导线的连接，必须牢固。紧线时，导线下方不得有人。单方向紧线时，反方向应设置临时拉线。电缆盘上的电缆端头，应绑扎牢固，放线架千斤顶应设置平稳，线盘应缓慢转动，防止脱杠或倾倒。电缆敷设到拐弯处，应站在外侧操作。木盘上钉子应拔掉或打弯。

四、电气调试

（1）进行耐压试验装置的金属外壳须接地。被测试设备或电缆两端，如果不在同一地点，另一端应有人看管或加锁，并对仪表、接地等检查无误，人员撤离后，方可升压。

（2）电气设备或材料做非冲击性试验，升压或降压均应缓慢进行。因故暂停或试压结束，应先切断电源，安全放电，并将升压设备高压侧短路接地。

（3）用绝缘电阻表测绝缘电阻，应防止有人触及正在测定中的线路或设备。测定容性或感性设备、材料后，必须放电。雷电时禁止测定线路绝缘。

（4）电力传动装置系统及高低压各型开关调试时，应将开关的开关手柄取下或锁上，悬挂标示牌，防止误合闸。

（5）电流互感器禁止开路，电压互感器禁止短路和以升压方式运行。电气材料或设备需放电时，应穿戴绝缘防护用品，用绝缘棒安全放电。

五、施工现场变配电及维修

（1）在高压带电区域内部分停电工作时，人体与带电部分应保持安全距离，并需有人监护。现场变配电高压设备，无论带电与否，单人值班不准超越遮栏和从事修理工作。

（2）变配电室内、室外高压部分及线路，停电工作时：

1）切断有关电源，操作手柄应上锁或挂标示牌。

2）验电时应戴绝缘手套，按电压等级使用验电器，在设备两侧各相或线路各相分别验电。验明设备或线路确认无电后，即将检查设备或线路做短路接地。

3）装设接地线，应由两人进行，先接接地端，后接导体端，拆除时顺序相反，拆、接时均应穿戴绝缘防护用品。

4）接地线应使用截面积不小于25mm^{2}的多股软裸铜线和专用线夹。严禁用缠绕的方法，进行接地和短路。

5）设备或线路检修完毕，应全面检查无误后方可拆除临时短路接地线。

第五节　触电急救

触电急救必须分秒必争，首先要使触电者迅速脱离电源，越快越好，并立即就地迅速用心肺复苏法进行抢救，并坚持不断地进行，同时及早与医疗部门联系，争取医务人员接替救治。在医务人员未接替救治前，不应放弃现场抢救，更不能只根据没有呼吸或脉搏擅自判定伤员死亡，放弃抢救。只有医生有权做出伤员死亡的诊断。

现场触电抢救，对采用肾上腺素等药物应持慎重态度。如果没有必要的诊断设备条件和足够的把握，不得乱用。在医院内抢救触电者时，由医务人员经医疗仪器设备诊断，根据诊断结果决定是否采用。

一、脱离电源

脱离电源就是要把触电者接触的那一部分带电设备的断路器、隔离开关或其他断路设备断开；或设法将触电者与带电设备脱离。

（1）在脱离电源中，救护人员既要救人，又要注意保护自己。

（2）触电者未脱离电源前，救护人员不准直接用手触及伤员，因为有触电的危险。

（3）如果触电者处于高处，脱离电源后会自高处坠落，因此要采取预防措施。

（4）触电者触及低压带电设备，救护人员应设法迅速切断电源，如拉开电源开关或隔离开关，拔除电源插头等；或使用绝缘工具，干燥的木棒、木板、绳索等不导电的东西解脱触电者；也可抓住触电者干燥而不贴身的衣服，将其拖开，切记要避免碰到金属物体和触电者的裸露身躯；也可戴绝缘手套或将手用干燥衣物等包起绝缘后解脱触电者；救护人员也可站在绝缘垫上或干木板上，绝缘自己进行救护。为使触电者与导电体解脱，最好用一只手进行。如果电流通过触电者入地，并且触电者紧握电线，可设法用干木板塞到身下与地隔离，也可用干木把斧子或有绝缘柄的钳子等将电线剪断。剪断电线要分相，一根一根地剪断，并尽可能站在绝缘物体或干木板上。

（5）触电者触及高压带电设备，救护人员应迅速切断电源，或用适合该电压等级的绝缘工具（戴绝缘手套、穿绝缘靴并用绝缘棒）解脱触电者。救护人员在抢救过程中应注意保持自身与周围带电部分必要的安全距离。

（6）如果触电发生在架空线杆塔上，如系低压带电线路，若可能立即切断线路电源的，应迅速切断电源，或者由救护人员迅速登杆，束好自己的安全皮带后，用带绝缘胶柄的钢丝钳、干燥的不导电物体或绝缘物体将触电者拉离电源；如系高压带电线路，又不可能迅速切断电源开关的，可采用抛挂足够截面积的适当长度的金属短路线方法，使电源开关跳闸。抛挂前，将短路线一端固定在铁塔或接地引下线上，另一端系重物，抛掷短路线时，应注意防止电弧伤人或断线危及人员安全。无论是在何种电压等级线路上触电，救护人员在使触电者脱离电源时要注意防止发生高处坠落的可能和再次触及其他有电线路的可能。

（7）如果触电者触及断落在地上的带电高压导线，且尚未确认线路无电，救护人员在未做好安全措施（如穿绝缘靴或临时双脚并紧跳跃地接近触电者）前，应离断线点 8 ～ 10m 范围外，防止跨步电压伤人。触电者脱离带电导线后也应迅速带至 8 ～ 10m 外后立即开始触电急救。

（8）救护触电伤员切除电源时，有时会同时使照明失电，因此应考虑事故照明、应急灯等临时照明。新的照明要符合使用场所防火、防爆的要求，但不能因此延误切除电源和进行急救。

二、伤员脱离电源后的处理

（1）触电伤员如果神志清醒，应使其就地躺平，严密观察，暂时不要站立或走动。

（2）触电伤员如果神志不清，应就地仰面躺平，且确保气道通畅，并用 5s 时间呼叫伤员或轻拍其肩部，以判定伤员是否丧失意识。禁止摇动伤员头部呼叫伤员。

（3）需要抢救的伤员，应立即就地坚持正确抢救，并设法联系医疗部门接替救治。

三、触电伤员的呼吸、心跳情况判定

（1）触电伤员如果意识丧失，应在10s内，用看、听、试的方法（见图4–1），判定伤员呼吸心跳情况：①看——看伤员的胸部、腹部有无起伏动作；②听——用耳贴近伤员的口鼻处，听有无呼气声音；③试——测试口鼻有无呼气的气流。再用两手指轻试一侧（左或右）喉结旁凹陷处的颈动脉有无搏动。

（2）若看、听、试结果，既无呼吸又无颈动脉搏动，可判定呼吸心跳停止。

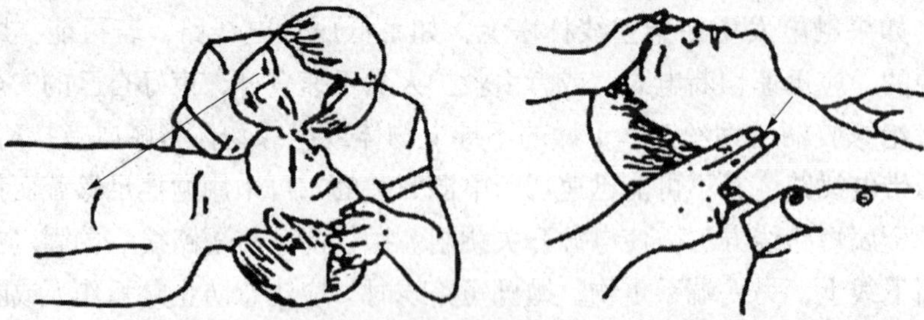

图4–1 看、听、试伤员呼吸

四、对触电伤员实施心肺复苏法抢救

（1）触电伤员呼吸和心跳均停止时，应立即按心肺复苏法支持生命的三项基本措施，正确进行就地抢救：①通畅气道；②口对口（鼻）人工呼吸；③胸外按压（人工循环）。

（2）通畅气道。

1）触电伤员呼吸停止，重要的是始终确保气道通畅。如果发现伤员口内有异物，可将其身体及头部同时侧转，迅速用一个手指或用两手指交叉从口角处插入，取出异物；操作中要注意防止将异物推到咽喉深部。

2）通畅气道可采用仰头抬颏法（见图4–2）。用一只手放在触电者前额，另一只手的手指将其下颌骨向上抬起，两手协同将头部推向后仰，舌根随之抬起，气道即可通畅（判断气道是否通畅可参见图4–3）。严禁用枕头或其他物品垫在伤员头下，头部抬高前倾，会更加重气道阻塞，且使胸外按压时流向脑部的血流减少，甚至消失。

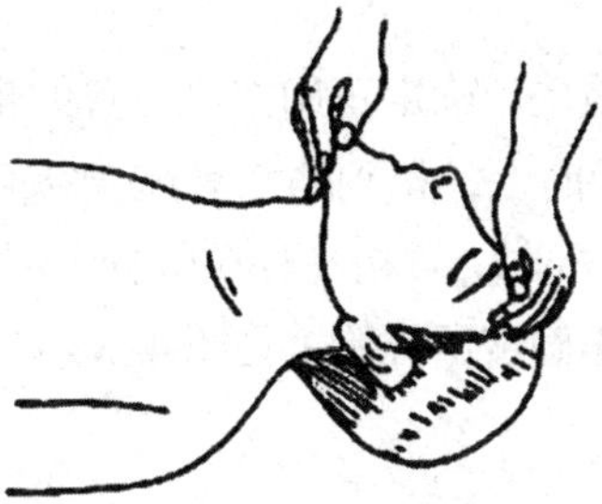

图 4–2　仰头抬颏法

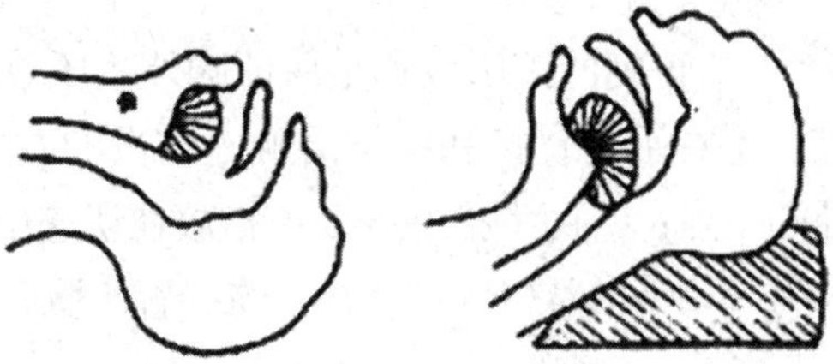

(a)　(b)

图 4–3　判断气道状况

（a）气道通畅；（b）气道阻塞

（3）口对口（鼻）人工呼吸（见图 4–4）。

1）在保持伤员气道通畅的同时，救护人员用放在伤员额上的手的手指捏住伤员鼻翼，救护人员深吸气后，与伤员口对口紧合，在不漏气的情况下，先连续大口吹气两次，每次 1 ～ 1.5s。如果两次吹气后测试颈动脉仍无搏动，可判断心跳已经停止，要立即同时进行胸外按压。

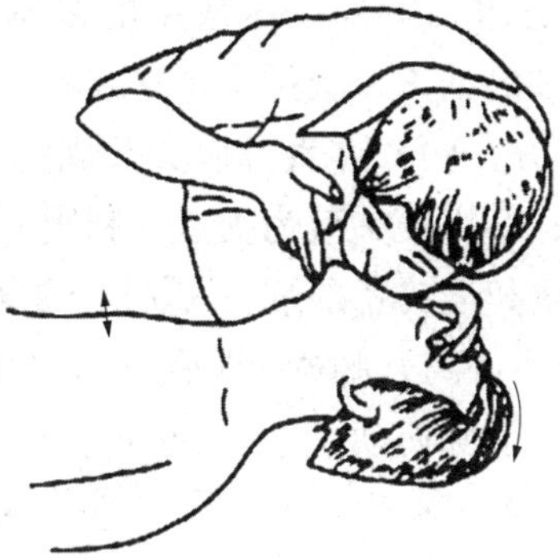

图 4–4　口对口人工呼吸

2）除开始时大口吹气两次外，正常口对口（鼻）呼吸的吹气量不需过大，以免引起胃膨胀。吹气和放松时要注意伤员胸部应有起伏的呼吸动作。吹气时如果有较大阻力，可能是头部后仰不够，应及时纠正。

3）触电伤员如果牙关紧闭，可口对鼻人工呼吸。口对鼻人工呼吸吹气时，要将伤员嘴唇紧闭，防止漏气。

（4）胸外按压。

1）正确的按压位置是保证胸外按压效果的重要前提。确定正确按压位置的步骤：①右手的食指和中指沿触电伤员的右侧肋弓下缘向上，找到肋骨和胸骨接合处的中点；②两手指并齐，中指放在切迹中点（剑突底部），食指平放在胸骨下部；③另一只手的掌根紧挨食指上缘，置于胸骨上，即为正确按压位置（见图 4–5）。

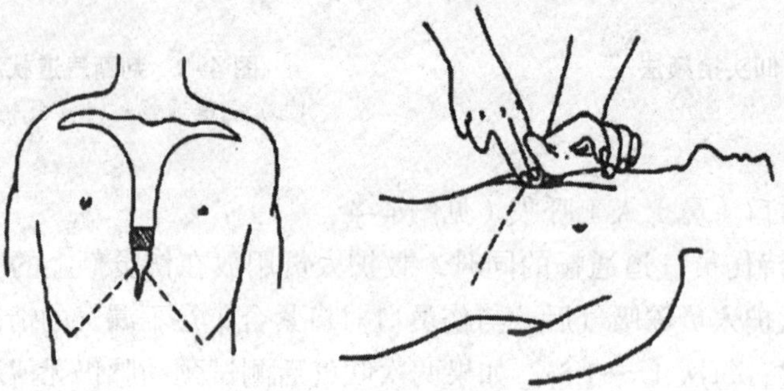

图 4–5　正确的按压位置

2）正确的按压姿势是达到胸外按压效果的基本保证。正确的按压姿势：①使触电伤员仰面躺在平硬的地方，救护人员立或跪在伤员一侧肩旁，救护人员的两肩位于伤员胸骨正上方，两臂伸直，肘关节固定不屈，两手掌根相叠，手指翘起，不接触伤员胸壁；②以髋关节为支点，利用上身的重力，垂直将正常成人胸骨压陷 3 ～ 5cm（儿童和瘦弱者酌减）；③压至要求程度后，立即全部放松，但放松时救护人员的掌根不得离开胸壁（见图 4–6）。按压必须有效，有效的标志是按压过程中可以触及颈动脉搏动。

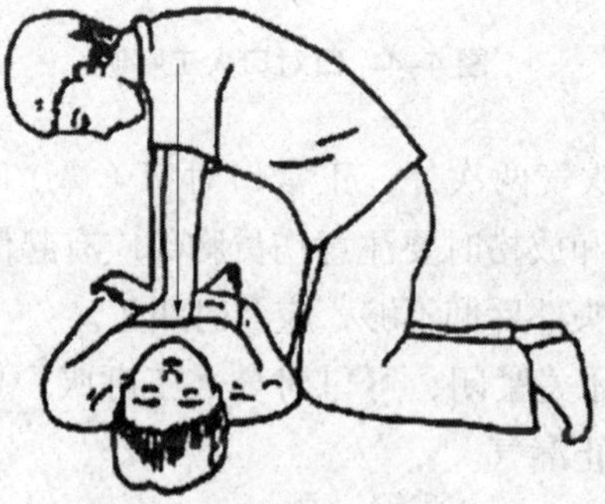

图 4–6　按压姿势与用力方法

3）操作频率：①胸外按压要以均匀速度进行，每分钟 80 次左右，每次按压和放松的时间相等；②胸外按压与口对口（鼻）人工呼吸同时进行，其节奏为：单人抢救时，每按压 15 次后吹气两次（15：2），反复进行；双人抢救时，每按压 5 次后由另一人吹气 1 次（5：1），反复进行。

五、对触电伤员抢救过程中的再判定操作

（1）按压吹气 1min 后（相当于单人抢救时做了 4 个 15：2 压吹循环），应用看、听、试方法在 5 ～ 7s 时间内完成对伤员呼吸和心跳是否恢复的再判定。

（2）若判定颈动脉已有搏动但无呼吸，则暂停胸外按压，而再进行两次口对口人工呼吸，接着每 5s 吹气一次（即每分钟 12 次）。如果脉搏和呼吸均未恢复，则继续坚持心肺复苏法抢救。

（3）在抢救过程中，要每隔数分钟再判定一次，每次判定时间均不得超过 5 ～ 7s。在医务人员未接替抢救前，现场抢救人员不得放弃现场抢救。

六、对触电伤员抢救过程中的移动与转院的要求

抢救过程中伤员的移动与转院（见图 4–7）的要求如下：

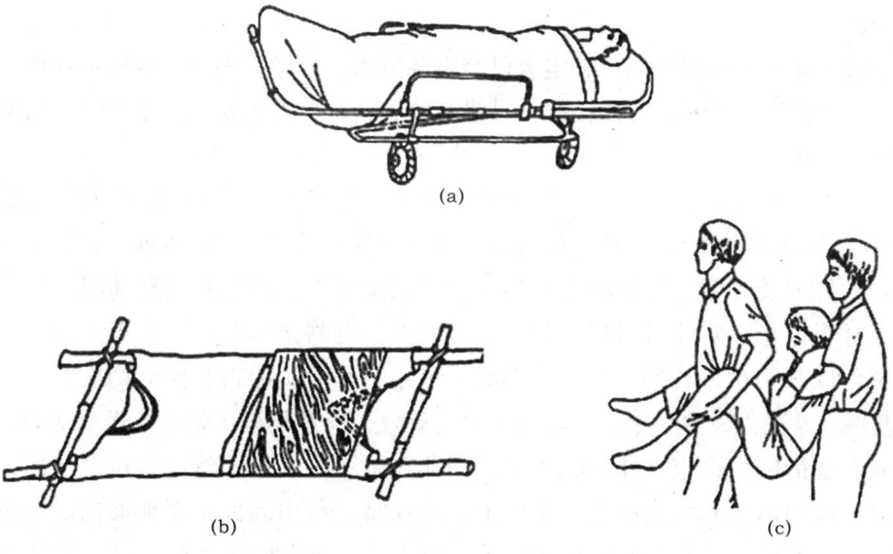

(a)　(b)　(c)

图 4–7　搬运伤员

（a）正常担架；（b）临时担架及木板；（c）错误搬运

（1）心肺复苏应在现场就地坚持进行，不要为方便而随意移动伤员，如果确有需要移动时，抢救中断时间不应超过 30s。

（2）移动伤员或将伤员送医院时，除应使伤员平躺在担架上并在其背部垫以平硬阔木板，移动或送医院过程中应继续抢救，心跳呼吸停止者要继续心肺复苏法抢救，在医务人员未接替救治前不能中止。

（3）应创造条件，用塑料袋装入砸碎冰屑做成帽状包绕在伤员头部，露出眼睛，使脑部温度降低，争取心肺脑完全复苏。

七、对触电伤员好转后的处理

如果伤员的心跳和呼吸经抢救后均已恢复，可暂停心肺复苏法操作。但心跳呼吸恢复的早期有可能再次骤停，应严密监护，不能麻痹，要随时准备再次抢救。

初期恢复后，神志不清或精神恍惚、躁动，应设法使伤员安静。

八、杆上或高处触电的急救

（1）发现杆上或高处有人触电，应争取时间及早在杆上或高处开始进行抢救。救护人员登高时应随身携带必要的工具和绝缘工具以及牢固的绳索等，并紧急呼救。

（2）救护人员应在确认触电者已与电源隔离，且救护人员本身所涉环境安全距离内无危险电源时，方能接触伤员进行抢救，并应注意防止发生高空坠落的可能性。

（3）高处抢救：①触电伤员脱离电源后，应将伤员扶卧在自己的安全带上（或在适当地方躺平），并注意保持伤员气道通畅。②救护人员迅速按伤员脱离电源后的处理及呼吸、心跳情况的判定规定判定反应、呼吸和循环情况。③如果伤员呼吸停止，立即口对口（鼻）吹气两次，再测试颈动脉，若有搏动，则每 5s 继续吹气一次，若颈动脉无搏动时，可用空心拳头叩击心前区两次，促使心脏复跳。④高处发生触电，为使抢救更为有效，应及早设法将伤员送至地面。在完成上述措施后，应立即用绳索参照图 4-8 所示方法迅速将伤员送至地面，或采取可能的迅速有效措施送至平台上。⑤在将伤员由高处送至地面前，应再口对口（鼻）吹气 4 次。⑥触电伤员送至地面后，应立即继续按心肺复苏法坚持抢救。

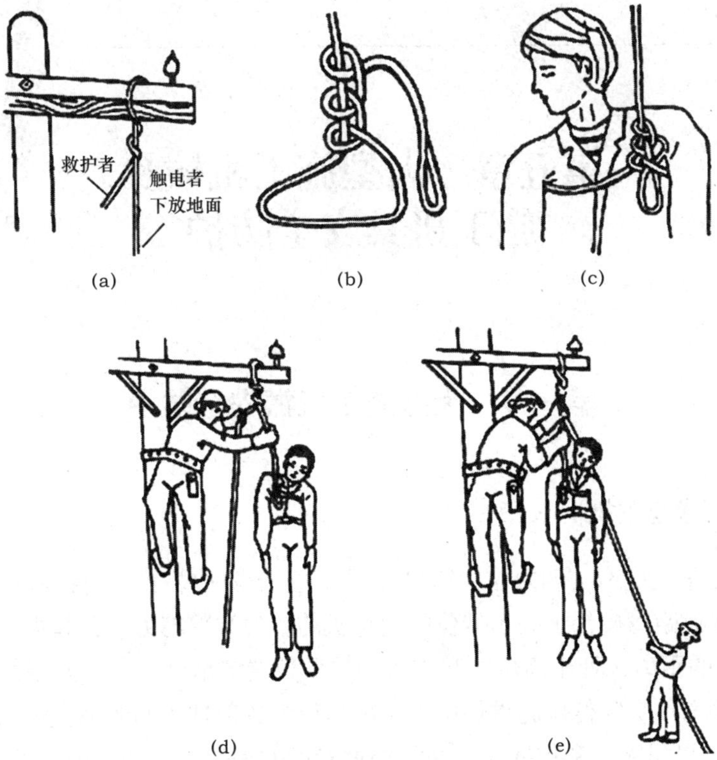

图 4-8　杆上或高处触电下放方法

（a）杆上安放绳索；（b）绑的方法；（c）用绳子将伤员绑好；
（d）将伤员放下；（e）双人下放法

第五章 大型施工机械及施工机具安全防护

第一节 大型施工机械安全防护

一、塔式起重机

塔式起重机应有“四限位”“二保险”的安全防护装置。两台塔式起重机之间的最小架设距离应保证处于低位的起重机的臂架端部与另一台起重机塔身之间至少有2m的距离，处于高位的起重机的最低位置的部件（吊钩升至最高点或最高位置的平衡重）与低位起重机中处于最高位置的部件之间的垂直距离不得小于2m。起重机操作人员和指挥人员必须经过专门的操作技术和安全技术培训考核，严禁无证人员操作。塔式起重机要有良好的接地装置，接地电阻不得大于10Ω。现场设置的临时配电箱，应设置在轨道中部附近，电源开关不小于100A，电缆卷筒必须运转灵活、安全可靠、严禁拖缆。起重机的起重、回转、行走三种动作可以同时进行。但变幅只能单独进行，严禁载荷变幅。吊起重物严禁自由下降。起重机操作人员必须严格执行“十不吊”（①重量不清不吊。②吊车有病不吊。③捆绑不牢不吊。④吊物有人不吊。⑤信号不清不吊。⑥歪拉斜挂不吊。⑦危险物品不吊。⑧气候不好不吊。⑨电线旁边不吊。⑩措施不全不吊）原则。

二、移动式起重机

（1）起重机停放或行驶时，其车轮、支腿或履带的前端或外侧与沟、坑边缘的距离不得小于沟、坑深度的1.2倍，否则必须采取防倾、防坍塌措施。

（2）作业时，起重机应置于平坦、坚实的地面上，机身倾斜度不得超过制造厂的规定。

（3）作业时，臂架、吊具、辅具、钢丝绳及吊物等与架空输电线及其他带电体的最小安全距离不得小于表 5–1 的规定，且必须设专人监护。

表 5–1　与架空输电线及其他带电体的最小安全距离

电压（kV）		＜1	1～10	35	110	220
安全距离（m）	沿垂直方向	1.5	3.0	4.0	5.0	6.0
	沿水平方向	1.0	1.5	2.0	4.0	6.0

（4）长期或频繁地靠近架空线路或其他带电体作业时，应采取隔离防护措施。

（5）加油时严禁吸烟或动用明火。油料着火时，应使用泡沫灭火器或沙土扑灭，严禁用水浇泼。

（6）履带式起重机行驶时，回转盘、臂杆及吊钩应固定住，下坡时不得空挡滑行。

（7）履带式起重机吊物行走时，吊物应位于起重机的正前方，并用绳索拉住，缓慢行走；吊物离地面不得超过 50cm，吊物重量不得超过起重机当时允许起重量的 2/3。

（8）汽车式起重机行驶时，应将臂杆放在支架上，吊钩挂在挂钩上并将钢丝绳收紧。

（9）汽车式起重机及轮胎式起重机作业前应先支好全部支腿后方可进行其他操作；作业完毕后，应先将臂杆放在支架上，然后方可起腿。汽车式起重机除具有吊物行走性能者外，均不得吊物行走。

（10）铁路式起重机在接近允许负荷时应夹好夹轨钳，支好支撑并进行试吊。带负荷向弯道内侧旋转或带负荷行走时，其负荷量不得超过当时允许起重量的 80%。起重机必须在坡道上停留时，应在车轮下安设止轮器。

三、龙门式起重机的使用要求

（1）起重机在运行时，无关人员不得上下扶梯；操作或检修人员必须上下时，严禁手拿工具或器材。

（2）两台起重机在同一条轨道上以及在两条平行或交叉的轨道上进行作业时，两机之间应保持安全距离；吊物之间的距离不得小于 3m。

（3）作业完毕后，应将起重机停放在轨道中部。

（4）塔式起重机作业完毕后，应将起重臂降至要求角度。

四、桥式及炉顶式起重机的使用要求

（1）任何人员不得在行车轨道上站立或行走。

（2）起重机在轨道上进行检修时，应切断电源，在作业区两端的轨道上用钢轨夹夹住，并设警示牌。

第二节 施工机具安全防护

一、施工电梯（升降机）安全防护措施

（1）电梯应安装独立的保护和避雷接地装置，并应保持接地良好。

（2）电梯底笼周围2.5m处必须设置稳固的防护栏杆，各层站过桥和运输通道应平整牢固，出入口的栏杆应安全可靠，全行程四周不得有影响安全运行的障碍物，并应搭设必要的防护屏障。

（3）装设在阴暗处或夜班作业的电梯，必须在全行程上装设足够的照明和明亮的层站编号标志灯。

（4）使用前应检查各部结构无变形、连接螺栓无松动、节点无开焊、装配正位、附壁牢固、站台平整、各部钢丝绳固定良好、运行范围内无障碍。

（5）启动前应检查电气和各限位装置、梯笼门、围护门等连锁装置良好可靠并进行空车升降试验，确认正常后方可投入使用。

（6）电梯在每班首次载重运行时，必须从最低层上升。严禁自上而下。当梯笼升离地面1～2m时应停车试验制动器的可靠性，如制动器不正常，必须修复后方可投入运行。

（7）电梯运行中发现机械有异常情况，应立即停机检查，排除故障并确认正常后方可继续运行。

（8）操作人员应根据指挥人员的指挥信号操作。作业前必须发出戒备信号。梯笼内乘人或载物时，应使负荷均匀分布，防止偏重。严禁超负荷运行。

（9）电梯运行到最上层和最低层时，不得以限位器的动作来代替正常操作。

（10）在有大雨、大雾或六级及以上大风时，电梯应停止运行，并将梯笼降到最底层，切断电源。暴风雨后，应对电梯进行全面检查，确认正常后方可使用。

（11）作业完毕后，应将梯笼降到最底层，各控制开关拨至零位，切断电源，

锁好电源箱，闭锁梯笼门和围护门。

二、混凝土搅拌机安全防护措施

（1）作业场地在有良好排水条件，机械近旁应有水源，机棚内应有良好的通风、采光及防雨、防砸措施（顶部用竹架板封闭），地面无积水。

（2）搅拌机长期停放或使用时间超过 3 个月以上时，应将轮胎卸下妥善保管，轮轴端部应做好清洁和防锈工作。

（3）进料时，严禁将头或手伸入料筒与机架之间查看或探摸进料情况，运转中不得用手或工具等伸入搅拌筒内扒料、出料。

（4）作业中如果发现有故障，不能继续运转，应立即切断电源，将搅拌筒内的混凝土，清除干净后进行检修，料斗内有隐患，工作人员须进入料筒内维修时，控制箱应断电，挂检修牌、标明，此刻正在检修，并有专人在外监控，以防他人误开电源。

（5）定期检查料斗钢丝绳和传动部分的使用情况，料斗钢丝绳起刺、断股、超标，应及时停机，更换后、实施作业。

三、混凝土振动机械安全防护措施

在使用前应按照其说明书的规定进行检查，检查各部位是否紧固，电动机的连接部位是否良好，电源、电压和频率与电动机名牌规定的相符。一切检查合格后，方可接通电源进行试运转，运转正常后，方可投入使用。振动器在使用中如果温度过高，应立即停机冷却检查，振动器操作人员应掌握一般用电安全知识。操作时，应穿胶鞋和戴绝缘橡皮手套，同时振动器的电源上应安装漏电保护装置。

四、钢筋弯曲机械安全防护措施

为适应钢筋直径和心轴之间的变化，在成型轴上应加一偏心套，以调解心轴、钢筋和成型轴三者之间的间隙。挡铁插座上安装的挡铁轴，应有轴套，这样一来在弯曲钢筋时可以使钢筋与挡铁轴不发生摩擦。在使用弯曲机前，应检查各部位的机件，油杯和涡轮箱内的润滑是否充足，然后进行试运转，试运转正常后方能进行钢筋弯曲作业，机身应安全接地，电源不允许直接接在按钮上，应另装铁壳开关控制电源。钢筋的放置应与挡铁轴、工作盘旋转方向配合，不要放反。不直的钢筋，严禁在弯曲机上弯曲，以防发生事故。

五、焊机的安全防护措施

（1）焊机必须有完整的防护外壳，一、二次接线柱应有保护罩。

（2）现场使用的电焊机应设置可防雨、防潮、防晒的机棚，并备有消防用品。应注意，初、次级线不可接错，输入电压必须符合电焊机的铭牌规定，严禁接触初级线路的带电部分。

（3）焊接时，焊接和配合人员必须采取防触电，高空坠落和火灾等事故的安全措施。高空焊接、切割或临边操作时，必须挂好安全带，下方采取防火措施，并有专人监护。

（4）接地线不得接在管道和建筑物金属构件上，接地电阻不大于4Ω。

（5）雨天不得露天焊接，在潮湿地带作业时，操作人员应站在铺有绝缘物品的地方，并穿好绝缘胶鞋。

（6）作业后，清理场地，灭绝火种，切断电源，锁好配电箱，消除焊料余热后，方可离开。

六、钢筋切断机安全防护措施

（1）送料工作台应和切刀下部保持水平，工作台的长度可根据加工材料长度决定。

（2）机械未达到正常转速时，不得切断。切料时必须使用切刀的中下部位，紧握钢筋，对准刃口迅速送刀。

（3）不得剪切直径及强度超过机械铭牌规定的钢筋。一次切断多根钢筋时，总截面积应在规定范围。切断短料时手和切刀之间的距离应保持150mm以上，长度小于400mm的钢筋，不允许送入切断机断料。运转中，严禁用手直接清除切刀附近的断头和杂物，钢筋摆动周围和切刀附近，非操作人员不得停留。

七、扒杆及地锚安全防护

（1）新扒杆组装时，中心线偏差不得大于总支承长度的1/1000；多次使用过的扒杆再重新组装时，每5m长度内中心偏差和局部塑性变形均不得大于40mm；在扒杆全长内，中心偏差不得大于总支承长度的1/200。

组装扒杆的连接螺栓必须紧固可靠。

扒杆的基础应平整坚实，不积水。

扒杆的连接板、扒杆头部和回转部分等，应每年对其变形、腐蚀、铆、焊或螺栓连接进行一次全面检查；在每次使用前，也应进行检查。

（2）扒杆至少应设四根缆风绳；人字扒杆应设两根缆风绳；向前倾斜的扒杆如果不能设置前稳定缆风绳时，必须在其后面架设牢固的支撑。

缆风绳与扒杆顶部及地锚的连接应牢固可靠。

缆风绳与地面的夹角一般不得大于45°。

缆风绳越过主要道路时，其架空高度不得小于7m。

缆风绳与架空输电线及其他带电体的安全距离应不小于表5–2的规定。

表5–2　　缆风绳与架空输电线及其他带电体的安全距离

电压（kV）	＜1	1～10	35～63	110	220	330	500
最小安全距离（m）	1.5	3.0	4.0	5.0	6.0	7.0	8.5

（3）地锚的分布及埋设深度应根据地锚的受力情况及土质情况确定。

地锚坑在引出线露出地面的位置，其前面及两侧的2m范围内不得有沟、洞、地下管道或地下电缆等。

地锚坑引出线及其地下部分应经防腐处理。

地锚的埋设应平整，基坑不积水。

地锚埋设后应进行详细检查，试吊时应指定专人看守。

八、卷扬机安全防护措施

（1）基座的设置应平稳牢固，上方应搭设防护工作棚，操作位置应有良好的视野。

（2）旋转方向应与控制器上标明的方向一致。

（3）制动操纵杆在最大操纵范围内不得触及地面或其他障碍物。

（4）卷筒与导向滑轮中心线应对正。卷筒轴心线与导向滑轮轴心线的距离；对平卷筒应不小于卷筒长度的20倍，对有槽卷筒应不小于卷筒长度的15倍。

（5）钢丝绳应从卷筒下方卷入，卷筒上的钢丝绳应排列整齐，作业时钢丝绳卷绕在卷筒上的安全圈数应不小于5圈；回卷后最外层钢丝绳应低于卷筒突缘2倍钢丝绳直径的高度。

（6）作业前应进行试车，确认卷扬机设置稳固，防护设施、电气绝缘、离合器、制动装置、保险棘轮，导向滑轮、索具等一切合格后方可使用。

（7）作业时严禁向滑轮上套钢丝绳，严禁在卷筒、滑轮附近用手扶运行中的钢丝绳，不得跨越行走中的钢丝绳，不得在各导向滑轮的内侧逗留或通过。吊起的重物必须在空中短时间停留时，应用棘爪锁住。

（8）运转中如果发现有异常情况，必须立即停机进行排除。

九、卸卡及纤维绳的安全防护措施

（1）卸卡。

1）卸卡不得横向受力。

2）卸卡的销子不得扣在活动性较大的索具内。

3）不得使卸卡处于吊件的转角处，必要时应加衬垫并使用加大规格的卸卡。

（2）纤维绳。

1）用作吊绳时，其许用应力不得大于0.98kN/cm^2。用作绑扎绳时，许用应力应降低50%。

2）连接时应采用编结法，不得用打结的方法。

3）严禁在机械驱动的情况下使用。

4）有霉烂、腐蚀、损伤者不得用于起重作业；有断股者严禁使用。

十、吊钩的安全防护措施

（1）吊钩应有制造厂的合格证等技术证明文件方可投入使用，否则应经检验查明性能合格后方可使用。

（2）吊钩应设有防止脱钩的封口保险装置。

（3）吊钩上的缺陷不得进行焊补。

（4）吊钩的检验应按《起重机械安全规程》（GB/T 6067）或《塔式起重机安全规程》（GB 5144—2006）的有关规定执行。

（5）吊钩出现下述情况之一时，应予以报废：

1）裂纹。

2）危险断面磨损达原尺寸的10%。

3）开口度比原尺寸增加15%。

4）扭转变形超过10°。

5）危险断面或吊钩颈部产生塑性变形。

十一、滑车及滑车组的安全防护措施

（1）滑车应按铭牌规定的允许负荷使用。如果无铭牌，应经计算及试验合格后方可使用。

（2）滑车及滑车组使用前应进行检验和检查。轮槽壁厚磨损达原尺寸的20%，轮槽不均匀磨损达3mm以上，轮槽底部直径减少量达钢丝绳直径的50%，以及有裂纹、轮沿破损等情况者，不得使用，应予以报废。

（3）在受力方向变化较大的场合和高处作业中，应采用吊环式滑车；如采用吊钩式滑车，必须对吊钩采取封口保险措施。

（4）使用开门滑车时，必须将开门的钩环锁紧。

（5）滑车组使用中两滑车滑轮中心间的最小距离不得小于表5–3的要求。滑车应按铭牌规定的允许负荷使用。如无铭牌，应经计算及试验合格后方可使用。

表5–3　　滑车组两滑车滑轮中心最小允许距离

滑车起重量（t）	滑轮中心最小允许距离（mm）	滑车起重量（t）	滑轮中心最小允许距离（mm）
1	700	10～20	1000
5	900	32～50	1200

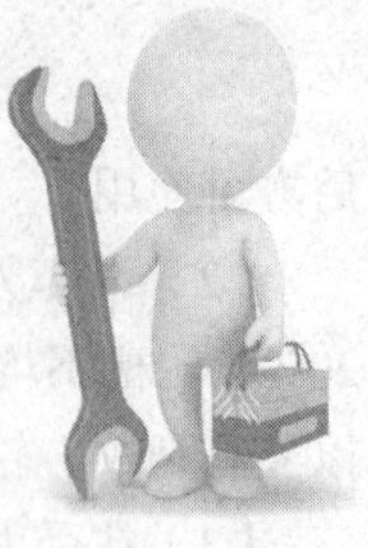

第六章 拆除工程和高处作业及交叉作业

第一节 拆除工程

一、一般要求

（1）开工前应全面了解被拆除工程结构设计和涉及区域的地下设施分布情况，进行现场勘察，编制施工方案，制定应急预案。

（2）施工方案中应有消除或减少粉尘、有毒烟雾、噪声等危害健康和环境污染的措施。

（3）开工前应将被拆除建（构）筑物上及其周围的各种力能管线切断或迁移。当建（构）筑物外侧有架空线路或电缆线路时，应联系主管部门采取可靠的防护措施，确认安全后方可施工。

（4）施工用电设施及灯具应单独安装。

（5）拆除区域周围应设硬质封闭围挡，悬挂警告牌，并设专人监护；危险区域严禁无关人员和车辆通过或逗留。

（6）当拆除工程对相邻建（构）筑物安全可能产生危险时，必须采取保护措施。

（7）拆除作业中发现不明物体时，应立即停止施工，保护现场并及时向有关部门报告。

（8）拆除工程严禁立体交叉作业。

（9）拆除工程完工后，应及时将渣土清运出场，清运渣土的车辆应封闭或覆盖。

二、拆除工程的安全要求

（1）重要拆除工程必须在技术负责人的指导下施工；多人拆除同一建（构）筑物时，应指定专人统一指挥，不得垂直交叉作业。

（2）拆除工程应自上而下逐层拆除，分段进行，严禁数层同时拆除；当拆除某一部分时，应有防止其他部分发生倒塌的措施。

（3）拆除工程应先拆除非承重结构，再拆除承重结构。拆除框架结构建筑时，必须按楼板、次梁、主梁、柱子的顺序进行施工。

（4）拆除建（构）筑物一般不得采用推倒的方法，遇到特殊情况必须采用推倒方法时应符合以下要求：

1）砍切墙体根部不得超过墙厚的 1/3。

2）应设牢固的支撑防止墙壁向掏掘方向倾倒。

3）建（构）筑物推到前应发出警告信号，确认全部人员远离该建（构）筑物高度两倍以上的距离后方可实施推倒。

在拆除建（构）筑物的高度的距离内有其他建（构）筑物时，严禁采用推倒的方法。

（5）建（构）筑物的栏杆、楼梯、楼板等应与建（构）筑物的整体同时拆除，不得先行拆除。拆除后的坑穴应设围栏或者填平。

（6）建（构）筑物的承重支柱及横梁，应待所承担的结构全部拆除后方可拆除。

（7）对进行部分拆除的建（构）筑物，必须先加固保留部分，再进行分离拆除。

（8）拆除时，楼板上严禁多人聚集或集中堆放拆除的材料，应及时进行清除。

（9）拆除的作业人员应站在稳定的结构或脚手架上进行操作，高处作业时，应系好安全带并挂在暂不拆除的部分牢固结构上。

（10）拆除石棉瓦等轻型结构屋面时严禁直接踩在屋面上，必须使用移动板或梯子，并将其上端固定牢固。

（11）地下构筑物拆除前应先将埋设在地下的力能管线切断，不能切断时，应采取隔离措施，并有防止地下有毒有害气体伤人的措施。

（12）清挖土方中遇到接地网时，应及时向有关部门汇报，并进行妥善处理。

（13）在高压线路附近进行拆除作业时，应在停电后进行。不能停电时，必须办理安全工作票，经线路主管部门批准后进行。

（14）进行建筑基础或局部块体拆除时，宜采用静力破碎的方法；采用具有腐蚀性的静力破碎剂作业时，灌浆人员必须戴防护手套和防护眼镜；孔内注入破碎剂后，作业人员应保持安全距离，禁止在注孔区域行走。

（15）爆破拆除工程应做出安全评估并经当地有关部门审核批准后实施，施工必须按《爆破安全规程》（GB 6722—2014）的规定进行。

（16）对烟囱、水塔类构筑物采用定向爆破拆除作业时，爆破拆除除设计应控制建筑倒塌时的触地振动外，必要时应在倒塌范围铺设缓冲材料或开挖防振钩。

（17）对地下构筑物及埋设物采用爆破拆除时，在爆破前应按其结构深度将周围的泥土全部清除。留用部分或其靠近的结构必须用沙袋加以保护，其厚度不得小于500mm。

（18）采用爆破方法拆除建（构）筑物的部分结构时，应保证保留部分的结构完整。爆破后发现保留的部分结构有危险征兆时，必须立即采取有效的安全技术措施。

第二节 高处作业

一、高处作业的概念

凡在坠落高度基准面2m及以上有可能坠落的高处进行的作业均称为高处作业。不同高度的可能坠落范围半径见表6–1。

表6–1 不同高度的可能坠落范围半径 m

作业位置至其底部的垂直距离	2～5	5～15	15～30	＞30
其可能坠落范围半径	3	4	5	6

注 1. 通过最低附落着落点的水平面称为附落高度基准面。
2. 在作业位置可能附落到的最低点称为该作业位置的最低坠落着落点。

二、高处作业的安全技术要求

（1）在编制施工组织设计、施工方案及作业指导书时，应尽量减少高处作业；施工技术人员编制的施工方案、作业指导中的高处作业部分，应采取措施确保作业点是安全的，安全带只能作为第二道防护。

（2）高处作业的平台、走道、斜道等应装设由上到下两道栏杆（上道栏杆高1.05～1.2m，下道栏杆高0.5～0.6m）和栏杆柱组成的防护栏杆和18cm高的挡脚板，或设防护立网。

（3）当高处行走区域不能装设防护栏杆时，应设置1.05m高的安全水平扶绳，且每隔2m应设一个固定支撑点。

（4）高处作业区周围的孔洞、沟道等应设盖板、安全网或围栏。

（5）特殊高处作业应与地面设联系信号或通信装置并由专人负责。

（6）在夜间或光线不足的地方进行高处作业，必须设足够的照明。

（7）遇有六级及以上大风或恶劣气候时，应停止露天高处作业。

（8）凡参加高处作业的人员应进行体格检查。经医生诊断患有不宜从事高处作业病症的人员不得参加高处作业。

（9）高处作业必须系好安全带，安全带应挂在上方的牢固可靠处；高处作业人员应衣着灵便。

（10）高处作业人员在从事活动范围较大（水平活动在以垂直线为中心的1.5m半径范围内）的作业时，必须使用速差自控器。

（11）高处作业人员使用绳梯或钢筋爬梯上下攀登时必须使用攀登自锁器。

（12）高处作业地点、各层平台、走道及脚手架上不得堆放超过允许载荷的物件，施工用料应随用随吊。

（13）上下脚手架应走斜道或梯子，不得沿脚手杆或栏杆等攀爬。不得任意攀登高层构筑物。

（14）高处作业人员应配带工具袋，较大的工具应系保险绳；传递物品时，严禁抛掷。

（15）高处作业人员不得坐在平台或孔洞的边缘，不得骑坐在栏杆上，不得躺在走道板上或安全网内休息；不得站在栏杆外作业或凭借栏杆起吊物件。

（16）高处作业时，点焊的物件不得移动；切割的工件、边角余料等应放置在牢靠的地方或用铁丝扣牢并有防止坠落的措施。

（17）高处作业区附近有带电体时，传递绳应使用干燥的麻绳或尼龙绳；严禁使用金属线。

（18）在石棉瓦、油毡等轻型或简易结构的屋面上作业时，必须有防止坠落的可靠措施。

（19）在电杆上进行作业前应检查电杆及拉线埋设是否牢固、强度是否足够，并应选用适合于杆型的脚扣，系好安全带；在架构及电杆上作业时，地面应有专人监护、联络；登杆工具应按表 6–2 的规定进行检查、试验。

表 6–2 登高工具的试验标准

名称	试验静拉力（kN）	试验周期	外表检查周期	试验时间
安全绳（带）	2.25	半年	一个月	5min
升降板	2.25			
脚扣	1			
竹（木）梯	1.8			

（20）特殊高处作业的危险区应设围栏及“严禁靠近”的警告牌，危险区内严禁人员逗留或通行。

（21）非有关施工人员不得攀登高处。登高参观的人员应由专人陪同，并严格遵守有关安全规定。

第三节 交叉作业

一、交叉作业的定义

凡在不同层次中，处于空间贯通状态下同时进行的高处作业，叫作交叉作业。

二、交叉作业的安全技术要求

（1）在编制施工组织总设计和单位工程施工组织设计及分部分项工程施工技术方案、指导书时，必须考虑最佳的工序统筹，应尽量避免或减少交叉施工，使同一立体空间、同一时间作业的工序降至最低。

（2）立体交叉作业时，合理安排施工工序。同一垂直面上要避免同时作业，无法避免时，各作业面之间应搭设可靠、牢固、有效的隔离设施。各层高处作业的通道上方，必须采取防止落物伤人的隔离措施。

（3）平面交叉作业时，各施工单位所占用的施工场地，应按各自的施工范围通过协商确定，以免相互妨碍和影响。土建与安装及不同工种交叉作业时，施工单位（工地或班组）必须加强领导，统一协调、灵活调动。对危险区域必须挂警告标志或设置围栏，安全通道必须保持畅通无阻。

（4）交叉作业的施工各方，应对相互间的工作情况、进度要求、施工条件环境和范围，均需事先明确交底沟通，力求做到紧密配合，减少干扰，确保各方的施工安全。

（5）在交叉作业时，如果发生一方影响，另一方或多方施工的情况，必须要采取共同协商、互相让步的态度。如果无法解决，应由主管部门或施工总负责人视各方施工工序的轻重缓急去决策，以确保安全施工。

（6）交叉作业时，应树立高尚的职业道德。严禁以自己单位方便为目的去破坏或拆除非本单位工作范围内的安全防护设施和机具设备、材料，严禁损毁、破坏其他施工单位的器材和劳动成果。

（7）在已投入运行的厂房内，特别是在带电、高温、高压、易燃、易爆等危险区域内进行交叉作业时，必须填写安全施工作业票，制定详细的安全技术措施，并经过必要的审批后执行，也可按电厂“安全工作票”严格执行，经厂方同意后，派人监护，方可施工。

（8）交叉作业不要忘记文明施工。各方必须保持各自施工范围的干净、整洁、舒适的作业环境。必须各自清理自己施工中所造成的垃圾和废料。每天都要做到工完、料净、场地清，即使工未完，也要保证料尽、场地清。

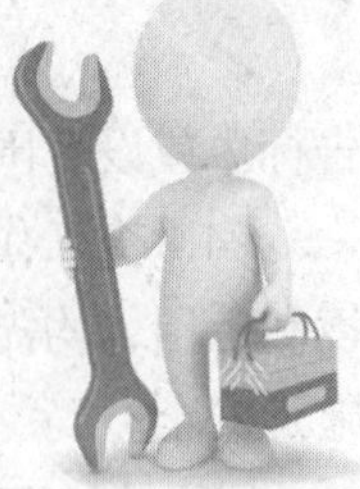

第七章　施工现场防雷及防火安全管理

第一节　接地和接零及防雷措施

一、基本概念

所谓接地，就是将电气设备的某一可导电部分与大地之间用导体做电气连接。接地主要有工作接地、保护接地、重复接地、防雷接地四种类别。

电气设备与零线连接，称为接零。

二、接地

接地的作用和方式主要有以下几点：

（1）工作接地。在正常或故障情况下，为了保证电气设备能安全工作，必须把电力系统（电网上）某一点接地，通常为变压器的中性点接地，称为工作接地。

（2）保护接地。在正常情况下不带电，而在故障情况下可能呈现危险的对地电压的金属外壳和机械设备的金属构件，用导线和接地体连接起来，称为保护接地。保护接地的接地电阻一般不大于4Ω。

（3）重复接地。在中性点直接接地的系统中，除在中性点直接接地外，为了保证接地的作用和效果，还须在中性线上的一处或多处再做接地，称为重复接地。重复接地的接地电阻应小于10Ω。

（4）防雷接地。防雷装置（避雷针、避雷器、避雷线等）的接地，称为防雷接地。

三、接零

（1）零线。与变压器直接接地的中性点连接的导线，称为零线。

（2）工作零线。电气设备因运行需要而引接的零线，称为工作接零。

（3）保护零线。由工作接地线或配电箱的零线或第一级漏电保护器的电源侧的零线引出，专门用以连接电气设备正常不带导电部分的导线，称为保护零线。

其作用是：采用接零保护主要不是降低接触电压或减少流经人体的电流，而是当电气设备发生碰壳或接地短路故障时，短路电流经零线而形成闭合回路，使其变成单相短路故障；较大的单相短路电流使保护装置准确而迅速动作，切断事故电源，消除隐患，确保人身的安全。切断故障一般不超过 0.1s。因此在中性点直接接地的电网系统中，没有保护装置是绝对不容许的。采用保护接零时电源中性点必须有良好的接地。

四、防雷

（1）在土壤电阻率低于 200MΩ 处的电杆可不另设防雷接地装置。在配电室的进线或出线处应将绝缘子铁脚与配电室的接地装置相连接。

（2）施工现场内的起重机、井字架及龙门架等机械设备，若在相邻建筑物、构筑物的防雷装置的保护范围以外，通常应安装防雷装置。若最高机械设备上的避雷针，其保护范围按 60° 计算能够保护其他设备，且最后退出现场，则其他设备可不设防雷装置。

（3）施工现场内所有防雷装置的冲击接地电阻值应小于 30MΩ。

（4）各机械设备的防雷引下线可利用该设备的金属结构体，但应保证电气连接。

（5）机械设备上的避雷针（接闪器）长度应为 1 ～ 2m。

（6）安装避雷针的机械设备所用动力、控制、照明、信号及通信等线路，应采用钢管敷设，并将钢管与该机械设备的金属结构体做电气连接。

第二节　施工现场防火

（1）施工现场的消防工作，应遵照国家有关法律、法规开展消防安全工作。施工单位的负责人应全面负责施工现场的防火安全工作，履行《中华人民共和国消防条例实施细则》第十九条规定的九项主要职责。

（2）施工现场都要建立、健全防火检查制度，发现火险隐患，必须立即消除；一时难以消除的隐患，要定人员、定项目、定措施限期整改。施工现场发生火警或火灾，应立即报告消防部门，并组织力量扑救。

（3）施工现场要有明显的防火宣传标志。施工现场的义务消防人员，要定期组织教育培训，并将培训资料存入内业档案中。

（4）根据“四不放过”（事故原因不查清不放过、责任人员未处理不放过、整改措施未落实不放过、有关人员未受到教育不放过）的原则，在火灾事故发生后，施工单位和建设单位应共同做好现场保护和会同消防部门进行现场勘察的工作。对火灾事故的处理提出建议，并积极落实防范措施。

（5）施工单位在承建工程项目签订的“工程承包合同”中，应有防火安全的内容，会同建设单位搞好防火工作。

（6）在编制施工组织总设计、施工总平面图、施工方案和施工作业指导书的内容均应符合消防安全要求。

（7）施工现场必须配备足够的消防器材，做到布局合理。要害部位应配备不少于4具的灭火器，要有明显的防火标志，指定专人经常检查、维护、保养、定期更新，保证灭火器材灵敏有效。施工现场夜间应有照明设备，并要安排力量加强值班巡逻。

（8）施工现场必须设置临时消防车道。其宽度不得小于3.5m，并保证临时消防车道的畅通，禁止在临时消防车道上堆物、堆料或挤占临时消防车道。

（9）开工前应先将消防器材和设施配备好，若有条件，还应敷设好室外消防水管、消防栓砂箱等。

（10）施工现场用电，应严格执行《施工现场临时用电安全技术规范》（JGJ 46—2005）的有关规定，加强电源管理，防止发生电气火灾。施工现场存放易燃、可燃材料的库房、木工加工场所、油漆配料房及防水作业场所不得使用明露高热强光源灯具。

（11）电焊工、气焊工从事电、气焊切割作业，要有操作证和动火证。用火前，要对易燃、可燃物清除，采取隔离等措施，配备看火人员和灭火器具，作业后必须确认无火源隐患后方可离去。动火证当日有效，用火地点变换，要重新办理用火证手续。

（12）氧气瓶、乙炔瓶工作间距不小于5m，两瓶与明火作业距离不小于10m。建筑工程内禁止氧气瓶、乙炔瓶存放，禁止使用液化石油气“钢瓶”。

（13）施工材料的存放、使用应符合防火要求。库房应采用非燃材料支搭。

易燃、易爆物品必须有严格的防火措施，应专库储存，分类单独存放，保持通风，配备灭火器材，指定防火负责人，确保施工安全。不准在结构工程内、库房内调配油漆、烯料。不准在高压架空线下面搭设临时性建筑物或堆放可燃物品。工程项目内不得作为仓库使用，不准存放易燃、可燃材料，因施工需要进入结构工程内的可燃材料，要根据工程计划限量进入并采取可靠的防火措施。废弃材料应及时清除。

（14）施工现场严禁吸烟。不得在建设工程内设置宿舍。施工现场和生活区，未经保卫部门批准不得使用电热器具。严禁工程中明火保温施工及宿舍内明火取暖。

（15）从事油漆粉刷或防水等危险作业时，要有具体的防火要求，必要时派专人看护。生活区的设置必须符合消防管理规定。严禁使用可燃材料搭设，宿舍内不得卧床吸烟，房间内住 20 人以上必须设置不少于两处的安全门；居住 100 人以上时，要有消防安全通道及人员疏散预案。生活区的用电要符合防火规定。用火要经保卫部门审批，食堂使用的燃料必须符合使用规定，火点和燃料不能在同一房间内，使用时要有专人管理，停火时要将总开关关闭，经常检查有无泄漏。

第八章　文明施工与季节性及特殊环境施工

第一节　文明施工

一、文明施工教育

现场施工作业人员必须由其所在班组长（队长）负责进行文明施工和标准化管理的思想教育，提高职工创安全生产标准化和文明施工标准化的思想觉悟和意识；做到文明施工，文明操作，相互团结，相互帮助，发扬风格。突出标准化、文明施工宣传气氛，挂设统一的标牌，设置宣传栏，使每一个员工树立“文明施工标准化管理在我心”的思想意识，从而自觉地付诸实际的施工操作之中。

二、办公室、宿舍、食堂

制定办公室卫生管理制度，保持现场办公室的清洁、整齐，各类图表、章程挂贴有序、技术资料、文件分类明确、堆放整齐；宿舍宜采用活动板房，宿舍实现定床定人编号管理，禁止私拉电线和使用电炉，食堂人员需持健康证上岗，为了加大投入，每天准备充足的各色菜肴及食品充分地满足工人的需求，食堂的厨房及工具设施必须定期进行消毒、冷藏设备齐全。

三、施工场地

对施工现场做详细的规划，按施工总平面布置图设置各项临时设施，搭设活动房，按施工总平面布置图的要求设置排水沟，将积水排入沉砂井内沉淀后再排入排污管道内，施工作业区与生活垃圾及厕所，派专人负责清扫，并实行定期检查，施工现场主要道路实行硬化。

四、施工材料堆放

各种材料、工器具按规定的要求做好标识，分类堆放，放置定位化；对于拆下的钢管、模板等周转材料要及时进行清理，并分类堆码整齐，及时退场，各种设备、机械按常规保养，作业面做到工完、场清。

第二节 季节性和特殊环境施工

一、夏季、雨季、汛期施工

（1）夏季、雨季来临前应做好防风、防雨、防火、防雷、防暑、降温等准备工作，现场排水系统应畅通，必要时应筑防汛堤。

（2）各种高层建筑及高架施工机具、大型金属脚手架的避雷装置均应在雨季前进行全面检查，接地电阻测试合格。

（3）机电设备及配电系统应按有关规定定期进行绝缘检查、接地电阻测试合格。

（4）台风和汛期来到前，施工现场及生活区的临建设施、大型脚手架及高架施工机具均应进行维修、加固或拆除，应提前准备好防汛器材、物资。

（5）暴雨、台风、汛期后，应对临建设施、脚手架、机电设备、施工机具、电源线路、深基坑、高边坡等进行检查并及时维修加固，发现隐患应立即消除。

（6）夏季应根据施工特点和气温情况适当调整作息时间，尽量避开高温时段，减少高温工作时间。

（7）露天作业集中的地方，应设置休息场所，并应在休息室内配备饮水设施，保持良好的通风或配备空调等防暑降温设施。

（8）特殊高温作业地点，应采取隔热、通风等防暑、降温措施。

（9）施工现场宜配备符合卫生标准的防暑、降温饮品及必要的药品。

（10）高温环境中的作业人员身体状况不适应时，应及时调整工作岗位。

二、冬季施工

（1）入冬前应做好以下工作：

1）制定冬季施工专项安全技术措施。

2）封闭厂房墙体、扩建端、固定端、屋顶以及门窗孔洞。

3）全面检查消防器材，做好保温、防冻措施。

4）全面检查取暖设施，消除易燃物。

（2）冬季施工期间，应对采暖设施、消防器材、防冻措施定期检查。

（3）现场道路、脚手架、脚手板和道路上的积水、霜雪应及时清除并采取防滑措施。

（4）施工机械与汽车的水箱应采取保温措施，停止使用后，无防冻液的水箱应放尽水。油箱或容器内的油料冻结时，禁止火烤。

（5）大风、雪后应对供电线路进行检查。应有防止电源线冻结在冰雪中的措施。

（6）汽车及轮胎式机械在冰雪路上行驶时，应装防滑链。

（7）寒冷地区冬季施工，机械设备使用应满足制造厂技术文件的要求；特别寒冷时，应采取保证液压、润滑系统正常工作的措施。

三、特殊环境施工

（1）临时建筑、施工场地应选择在没有坍塌、滑坡、泥石流、山洪等灾害隐患的地段。

（2）施工方案应充分考虑水文地质、气象、建（构）筑物布置和施工条件等影响因素。

（3）风沙天气到来前，临时建（构）筑物、高架机械、行走式机械、标志牌、高处物料等应采取可靠的加固措施。对各区域材料进行全面的检查，堆放整齐并固定。裸露的砂土和废弃物应苫盖。

（4）风沙天气，作业人员应佩戴口罩、防风镜等。强沙尘暴和六级以上大风，应停止露天和高处等户外危险作业。

（5）施工过程中应密切关注天气变化，突发恶劣天气时，应立即停止受影响的相关工作，撤离相关场所。

（6）暗浜和软弱土等不良地质区域应加强围护，完善排洪设施。

（7）新建或新购置的高压设备、配电装置运行后，应测定其电磁辐射强度，必要时设置警戒区域。在有电磁辐射影响的区域内施工时，应采取符合国家有关电磁辐射防护规定的措施。

第九章　特种设备安全管理

第一节　特种设备安全管理

特种设备是指涉及生命安全、危险性较大的锅炉、压力容器（含气瓶，下同）、压力管道、电梯、起重机械、客运索道、大型游乐设施和场（厂）内专用机动车辆。其中锅炉、压力容器（含气瓶）、压力管道为承压类特种设备；电梯、起重机械、客运索道、大型游乐设施为机电类特种设备。2014 年 11 月，质量监督检验检疫总局公布了新修订的《特种设备目录》。

一、特种设备安全管理机构及人员

1. 设置管理机构

（1）管理机构。以企业（法人）内部管理文件形式，明确特种设备安全管理机构，并注明机构人员的职务及联系电话。

（2）建立机构管理网络图。将管理机构的人员用网络图表示，注明各管理人员之间的管理关系以及所管理的部门及设备。

2. 明确安全生产负责人及配备特种设备安全管理人员

（1）明确安全生产负责人。明确本单位的安全生产负责人，安全生产负责人应对本单位特种设备全面负责（安全生产负责人必须是企业的主要负责人）。若安全生产负责人不是法定代表人，应有加盖公章的企业任命书。

（2）特种设备安全管理人员任命。有加盖公章特种设备专职或兼职安全管理人员任命书，任命书应注明安全管理人员的主要职责及任期，任命的管理人员应与本单位建立劳动关系（附劳动关系证明资料）。

（3）管理人员持证上岗。特种设备管理人员必须经特种设备安全监督部门考核合格，取得国家统一格式的证书方可上岗管理。

二、特种设备安全管理制度

1. 制定特种设备安全责任制

（1）各职能部门安全责任制。制定各职能部门的安全责任制，包括特种设备安全管理部门职责、岗位培训教育部门安全职责和制度等。

（2）各岗位安全责任制。制定特种设备各岗位安全责任制，包括安全生产负责人岗位职责、特种设备专职兼职管理人员岗位职责、特种设备作业人员岗位职责等。

2. 制定特种设备安全规章制度

制定本单位的特种设备安全规章制度，包括特种设备维护保养管理制度、特种设备事故应急救援制度、特种设备定期自查及隐患整改制度、特种设备报检制度、特种设备安全培训制度等。

3. 制定特种设备操作规程

根据特种设备种类以及法规、安全技术规范的要求，编制各设备安全操作规程。

4. 制定应急救援预案

根据本单位特种设备使用情况，制订重大事故应急救援预案；配备相应的抢险装备和救援物资；每年至少组织一次救援演练。

三、特种设备行政许可及定期检验

1. 行政许可

（1）特种设备行政许可规定。特种设备使用单位应当在特种设备投入使用前或者投入使用后 30 日内办理特种设备使用登记。

（2）特种设备行政许可变更。特种设备停用、注销、过户、迁移、重新启用应到特种设备安全监督部门办理相关手续。

（3）作业人员持证上岗。特种设备作业人员必须经特种设备安全监督部门考核合格，取得国家统一格式的证书方可上岗操作。作业人员必须与企业办理聘任手续。

2. 特种设备定期检验

（1）特种设备报检。特种设备使用单位应在特种设备检验合格有效期届满前 1 个月向特种设备检验检测机构提出定期检验要求（各特种设备的检验日期可从检验报告、合格标志查看）。

（2）特种设备报检要求。起重机械报检时，必须提供保养合同、有效的作业人员证件。

3. 特种设备换证

特种设备检验合格后，携带使用证、检验合格标志、检验报告、保养合同、保养单位的保养资质到特种设备安全监督部门办理年审换证手续。

四、安全培训

特种设备使用单位在落实特种设备作业人员（包括管理人员）持证上岗的基础上，必须在本单位内对特种设备作业进行业务培训和安全、节能教育。做到有安全培训计划，有培训记录、有培训考核。

五、特种设备相关记录

1. 特种设备日常使用状态记录（特种设备运行记录）

根据特种设备的类别分别印制特种设备日常使用状态记录，将设备的使用状态记录在案。

2. 特种设备维护保养记录（包括安全附件、安全保护装置、测量调控装置及有关附属仪器仪表保养记录）

根据特种设备类别分别印制特种设备维修保养记录，每次对设备维护保养做好记录。电梯的日常维护保养必须由有资质的单位负责，维护保养后，维护保养人员和用户应在保养单上签名，保养单至少一式二份，用户和维护保养单位各留一份存档，并且至少 15 日对电梯进行一次清洁、润滑、调整和检查。

3. 特种设备检查记录

根据特种设备类别印制特种设备定期自行检查记录（包括日检、月检、年检记录），每月至少进行一次自行检查，并记录在案。

4. 特种设备运行故障和事故记录

印制特种设备运行故障和事故记录，当特种设备出现运行故障和事故时，详细记录故障或事故出现的原因、解决方法等。

5. 定期检验整改记录

将每次定期检验主要存在问题及落实整改情况记录在案。

6. 锅炉房记录

锅炉房要设立以下六种记录：

（1）锅炉及附属设备的运行记录；

（2）交接班记录；

（3）水处理设备运行及水质化验记录；

（4）设备检修保养记录；

（5）单位主管领导和锅炉房管理人员检查记录；

（6）事故记录。

六、特种设备档案管理

1. 统一档案盒规格

特种设备的档案盒应统一规格。档案盒侧面应注明类别，盒内要附上档案目录。

2. 档案分类

档案可参照以下方法分类：

（1）文件法规类。将特种设备的法律法规、文件统一存放。

（2）综合管理类。将特种设备安全责任制、管理制度、操作规程、特种设备安全管理机构、管理结构图、专职兼职安全管理员任命书、特种设备使用管理安全责任承诺书等统一存放。

（3）特种设备总台账类。

使用账本或信息化管理系统对特种设备台账进行管理，账物相符，能方便索引到相应的档案信息。至少包括以下内容：

1）设备分布情况。最好有本单位的特种设备分布图。

2）特种设备台账。将本单位特种设备分类登记在册，包括注册号、使用登记证号、电梯年审情况、定期检验情况等。

3）安全附件管理台账。将本单位特种设备安全附件分类登记在册，并标明安全附件安装所在的设备。

4）特种设备作业人员管理台账。将特种设备作业人员及相关的管理人员的基本情况登记在册，并注明作业人员所操作的特种设备。

（4）特种设备作业人员类。将每年的培训计划、培训情况、考核情况作业人员证或复印件等资料统一存放，特种设备作业人员证件应有使用单位的聘用记录，证件在有效期内。

（5）应急救援类。将特种设备重大事故应急救援预案、演练计划、演练情况资料统一归档。

（6）技术档案类。以一台设备一个技术档案为原则（可用多个档案盒存放），将特种设备的设计文件、制造单位、产品质量合格证明、使用维护说明等文件以及安装技术文件和资料、特种设备使用证、特种设备使用登记表、定期检验报告、安全附件校验报告统一存放。

（7）特种设备相关记录。特种设备记录每月归档整理一次，将设备日常使用状态记录、特种设备维护保养记录、特种设备检查记录、特种设备交接班记录、特种设备运行故障和事故记录统一存放。

七、特种设备现场

1. 现场设备与台账相符

现场设备与设备台账以及设备布置图相一致。

2. 悬挂使用登记证

特种设备使用登记证（可使用复印件）应置于特种设备旁边。

3. 安全标志、标识的张贴

（1）压力管道标志。在压力管道显眼地方，应标明管道的介质名称及介质流向。

（2）机电类合格标志。电梯、大型游乐设施等特种设备的检验合格标志应置于易于为乘客注意的显著位置；起重机检验合格标志应张贴在该设备的电源控制箱的空白处；叉车的检验合格标志应张贴在叉车的显眼位置。

（3）警示标志、安全注意事项。电梯、大型游乐设施等特种设备的警示标志、安全注意事项应置于被乘客注意的显著位置。

（4）禁用标志。特种设备停用后，应将设备的电源断开，在设备显眼的地方张贴"禁止使用"的标志。

（5）重点监控特种设备标志。纳入特种设备安全监督部门重点监控范围管理的重点监控特种设备，应在设备明显位置，标注"重点监控特种设备"。

4. 特种设备管理制度、责任制、操作规程的张贴

将特种设备管理制度、责任制、操作规程张贴到相应的部门、工作岗位、特种设备使用场所。

5. 设备安全运行情况

（1）特种设备的安全附件在校验有效期内，并灵敏可靠；特种设备在许可条件下使用，无异常情况出现。

（2）特种设备作业人员持有效证件上岗（随身携带副证以备检查），对设备运行情况及时进行记录（查验设备运行记录），无违章作业现象。

6. 设备环境情况

设备环境整洁通畅，符合设备的使用要求。

第二节 起重机械安全管理

一、起重机械的安全管理措施

1. 安全管理制度

安全管理规章制度的项目包括司机守则和起重机械安全操作规程，起重机械维护、保养、检查和检验制度，起重机械安全技术档案管理制度，起重机械作业和维修人员安全培训、考核制度，起重机械使用单位应按期向所在地的主管部门申请在用起重机械安全技术检验及更换起重机械准用证的管理等。

2. 技术档案

起重机械安全技术档案的内容包括设备出厂技术文件，安装、修理记录和验收资料，使用、维护、保养、检查和试验记录，安全技术监督检验报告、设备及人身事故记录，设备的问题分析及评价记录。

3. 定期检验制度

在用起重机械安全定期监督检验周期为 2 年（电梯和载人升降机安全定期监督检验周期为 1 年）。此外，使用单位还应进行起重机的自我检查、每日检查、每月检查和年度检查。

（1）年度检查。每年对所有在用的起重机械至少进行 1 次全面检查。停用 1 年以上、遇 4 级以上地震或发生重大设备事故、露天作业的起重机械经受 9 级以上的风力后的起重机，使用前都应做全面检查。

其中载荷试验可以吊运相当于额定起重量的重物进行，并按额定速度进行起升、运行、回转、变幅等操作，检查起重机正常工作机构的安全和技术性能、金属结构的变形、裂纹、腐蚀及焊缝、铆钉、螺栓等连接情况等。

（2）每月检查。检查项目包括：安全装置、制动器、离合器等有无异常，可靠性和精度；重要零部件（如吊具、钢丝绳滑轮组、制动器、吊索及辅具等）的状态，有无损伤，是否应报废等；电气、液压系统及其部件的泄漏情况及工作性能；动力系统和控制器等。

停用一个月以上的起重机械，使用前也应做上述检查。

（3）每日检查。在每天作业前进行，应检查各类安全装置、制动器、操纵控制装置、紧急报警装置；轨道的安全状况；钢丝绳的安全状况。检查发现有异常情况时，必须及时处理。严禁带病运行。

4. 作业人员的培训教育

起重作业是由指挥人员、起重机司机和司索工群体配合的集体作业，要求起重作业人员不仅应具备基本文化和身体条件，还必须了解有关法规和标准，学习起重作业安全技术理论和知识，掌握实际操作和安全救护的技能。起重机司机必须经过专门的培训考核并取得合格证方可独立操作。指挥人员与司索工也应经过专业技术培训和安全技能训练，了解所从事工作的危险和风险，并有自我保护和保护他人的能力。

二、起重伤害事故形式

1. 重物坠落

吊具或吊装容器损坏、物件捆绑不牢、挂钩不当、电磁吸盘突然失电、起升机构的零件故障（特别是制动器失灵、钢丝绳断裂）等都会引发重物坠落。

2. 起重机失稳倾翻

起重机失稳有两种类型：一是操作不当（如超载、臂架变幅或旋转过快等）、支腿未找齐或地基沉陷等原因使倾翻力矩增大，导致起重机倾翻；二是由于坡度或风力作用，使起重机沿路面或轨道滑动，导致脱轨翻倒。

3. 挤压

起重机轨道两侧缺乏良好的安全通道或与建筑结构之间缺少足够的安全距离，使运行或回转的金属结构机体对人员造成夹挤伤害；运行机构的操作失误或制动器失灵引起溜车，造成碾压伤害等。

4. 高处跌落

人员在离地面大于 2m 的高度进行起重机的安装、拆卸、检查、维修或操作等作业时，从高处跌落造成的伤害。

5. 触电

起重机在输电线附近作业时，其任何组成部分或吊物与高压带电体距离过近，感应带电或触碰带电物体，都可以引发触电伤害。

6. 其他伤害

其他伤害是指人体与运动零部件接触引起的绞、碾、戳等伤害；液压起重机的液压元件破坏造成高压液体的喷射伤害；飞出物件的打击伤害；装卸高温液体金属、易燃、易爆、有毒、腐蚀等危险品，由坠落或包装捆绑不牢破损引起的伤害等。

三、高处作业的安全防护

起重机金属结构高大，司机室往往设在高处，很多设备也安装在高处结构上，因此，起重司机正常操作、高处设备的维护和检修以及安全检查，都需要登高作业。为防止人员从高处坠落，防止高处坠落的物体对下面人员造成打击伤害，在起重机上，凡是高度不低于2m的一切合理作业点，包括进入作业点的配套设施，如高处的通行走道、平台、休息平台、转向用的中间平台以及高处作业平台等，都应予以防护。安全防护的结构和尺寸应根据人体参数确定。其强度、刚度要求应根据走道、平台、楼梯和栏杆可能受到的最不利载荷考虑。

四、起重作业安全操作技术

1. 吊运前的准备

吊运前的准备工作包括：①正确佩戴个人防护用品，包括安全帽、工作服、工作鞋和手套，高处作业还必须佩戴安全带和工具包；②检查清理作业场地，确定搬运路线，清除障碍物；③室外作业要了解当天的天气预报；④流动式起重机要将支撑地面垫实垫平，防止作业中地基沉陷；⑤对使用的起重机和吊装工具、辅件进行安全检查；⑥不使用报废元件，不留安全隐患；⑦熟悉被吊物品的种类、数量、包装状况以及周围联系；⑧根据有关技术数据（如重量、几何尺寸、精密程度、变形要求），进行最大受力计算，确定吊点位置和捆绑方式；⑨编制作业方案（对于大型、重要的物件的吊运或多台起重机共同作业的吊装，事先要在有关人员参与下，由指挥、起重机司机和司索工共同讨论，编制作业方案，必要时报请有关部门审查批准）；⑩预测可能出现的事故，采取有效的预防措施，选择安全通道，制订应急对策。

2. 起重机司机通用操作要求

有关人员应认真交接班，对吊钩、钢丝绳、制动器、安全防护装置的可靠性进行认真检查，发现异常情况及时报告。

开机作业前，应确认处于安全状态方可开机：①所有控制器是否置于零位；②起重机上和作业区内是否有无关人员，作业人员是否撤离到安全区；③起重机运行范围内是否有未清除的障碍物；④起重机与其他设备或固定建筑物的最小距离是否在0.5m以上；⑤电源断路装置是否加锁或有警示标牌；⑥流动式起重机是否按要求平整好场地，支脚是否牢固可靠。

开车前，必须鸣铃或示警；操作中接近人时，应给断续铃声或示警。

司机在正常操作过程中，不得利用极限位置限制器停车；不得利用打反车进行制动；不得在起重作业过程中进行检查和维修；不得带载调整起升、变幅机构的制动器，或带载增大作业幅度；吊物不得从人头顶上通过，吊物和起重臂下不得站人。

严格按指挥信号操作，对紧急停止信号，无论何人发出，都必须立即执行。

吊载接近或达到额定值，或起吊危险器（液态金属、有害物、易燃、易爆物）时，吊运前认真检查制动器，并用小高度、短行程试吊，确认没有问题后再吊运。

起重机各部位、吊载及辅助用具与输电线的最小距离应满足安全要求。

有下述情况时，司机不应操作：①起重机结构或零部件（如吊钩、钢丝绳、制动器、安全防护装置等）有影响安全工作的缺陷和损伤；②吊物超载或有超载可能，吊物重量不清；③吊物被埋置或冻结在地下、被其他物体挤压；④吊物捆绑不牢，或吊挂不稳，重物棱角与吊索之间未加衬垫；⑤被吊物上有人或浮置物；⑥作业场地昏暗，看不清场地、吊物情况或指挥信号；⑦在操作中不得歪拉斜吊。

工作中突然断电时，应将所有控制器置零，关闭总电源。重新工作前，应先检查起重机工作是否正常，确认安全后方可正常操作。

有主、副两套起升机构的，不允许同时利用主、副钩工作（设计允许的专用起重机除外）。

用两台或多台起重机吊运同一重物时，每台起重机都不得超载。吊运过程应保持钢丝绳垂直，保持运行同步。吊运时，有关负责技术人员和安全技术人员应在场指导。

露天作业的轨道起重机，当风力大于6级时，应停止作业；当工作结束时，应锚定住起重机。

3. 司索工安全操作要求

司索工主要从事地面工作，例如准备吊具、捆绑挂钩、摘钩卸载等，多数情况还担任指挥任务。司索工的工作质量与整个搬运作业安全关系极大。其操作工序要求如下：

（1）准备吊具。对吊物的重量和重心估计要准确，如果是目测估算，应增大20%来选择吊具；每次吊装都要对吊具进行认真的安全检查，如果是旧吊索应根据情况降级使用，绝不可侥幸超载或使用已报废的吊具。

（2）捆绑吊物。对吊物进行必要的归类、清理和检查，吊物不能被其他物体挤压，被埋或被冻的物体要完全挖出。切断与周围管、线的一切联系，防止造成超载；清除吊物表面或空腔内的杂物，将可移动的零件锁紧或捆牢，形状或尺寸不同的物品不经特殊捆绑不得混吊，防止坠落伤人；吊物捆扎部位的毛刺要打磨平滑，尖棱利角应加垫物，防止起吊吃力后损坏吊索；表面光滑的吊物应采取措施来防止起吊后吊索滑动或吊物滑脱；吊运大而重的物体应加诱导绳，诱导绳长应能使司索工既可握住绳头，同时又能避开吊物正下方，以便发生意外时司索工可利用该绳控制吊物。

（3）摘钩卸载。吊物运输到位前，应选择好安置位置，卸载不要挤压电气线路和其他管线，不要阻塞通道；针对不同吊物种类应采取不同措施加以支撑、垫稳、归类摆放，不得混码、互相挤压、悬空摆放，防止吊物滚落、侧倒、塌垛；摘钩时应等所有吊索完全松弛再进行，确认所有绳索从钩上卸下再起钩，不允许抖绳摘索，更不许利用起重机抽索。

（4）挂钩起钩。吊钩要位于被吊物重心的正上方，不准斜拉吊钩硬挂，防止提升后吊物翻转、摆动：吊物高大需要垫物攀高挂钩、摘钩时，脚踏物一定要稳固垫实，禁止使用易滚动物体（如圆木、管子、滚筒等）做脚踏物。攀高必须佩戴安全带，防止人员坠落跌伤；挂钩要坚持“五不挂”（起重或吊物重量不明不挂，重心位置不清楚不挂，尖棱利角和易滑工件无衬垫物不挂，吊具及配套工具不合格或报废不挂，包装松散捆绑不良不挂），将安全隐患消除在挂钩前；当多人吊挂同一吊物时，应由一专人负责指挥，在确认吊挂完备，所有人员都离开站在安全位置以后，才可发起钩信号；起钩时，地面人员不应站在吊物倾翻、坠落可波及的地方；如果作业场地为斜面，则应站在斜面上方（不可在死角），防止吊物坠落后继续沿斜面滚移伤人。

第三节　特种设备现场安全监督检查

特种设备安全监督检查分为常规监督检查、专项监督检查、证后监督检查和其他监督检查。

一、常规监督检查

市场监督管理部门依照年度常规监督检查计划，对特种设备生产、使用单位实施常规监督检查。

特种设备生产单位和使用单位常规监督检查的项目和内容分别见表 9–1 ～表 9–8。

市级市场监督管理部门负责制订年度常规监督检查计划，确定辖区内市场监督管理部门任务分工，并分级负责实施。

年度常规监督检查计划应当报告同级人民政府。对特种设备生产单位开展的年度常规监督检查计划还应当同时报告省级市场监督管理部门。

常规监督检查应当采用“双随机、一公开”方式，随机抽取被检查单位和特种设备安全监督检查人员（简称检查人员），并定期公布监督检查结果。

常规监督检查对象库应当将取得许可资格且住所地在本辖区的特种设备生产单位和本辖区办理特种设备使用登记的使用单位全部纳入。

特种设备生产单位制造地与住所地不在同一辖区的，由制造地的市级市场监督管理部门纳入常规监督检查对象库。

市级市场监督管理部门应当根据特种设备安全状况，确定常规监督检查重点单位名录，并对重点单位加大抽取比例。

符合以下情形之一的，应当列入重点单位名录：

（1）学校、幼儿园以及医院、车站、客运码头、机场、商场、体育场馆、展览馆、公园、旅游景区等公众聚集场所的特种设备使用单位；

（2）近两年使用的特种设备发生过事故并对事故负有责任的；

（3）涉及特种设备安全的投诉举报较多，且经调查属实的；

（4）市场监督管理部门认为应当列入的其他情形。

表 9–1　　特种设备生产单位常规监督检查项目

序号	检查项目	检查内容	检查结果			备注
			符合	不符合	无此项	
1	行政许可	许可证在有效期内				
2	人员管理	书面任命质量技术负责人				
3		特种设备安全管理人员、检测人员、作业人员等许可相关在岗人员的资格和数量符合要求				
4	生产档案	建立设计、制造、安装、改造、重大修理档案				
5	设计审批	设计文件鉴定或设计单位许可符合要求				

续表

序号	检查项目	检查内容	检查结果			备注
			符合	不符合	无此项	
6	档案抽查	产品生产过程资料按要求存档				
7		特种设备出厂资料、竣工资料移交记录按要求存档				
8	检验资料	型式试验、锅炉产品能效测试、监督检验资料齐全				
9	整改情况	最近一次评审提出的整改项目均已按要求整改并复评合格				
10	生产情况记录	现场抽查生产记录和成品仓库中的产品，未发现超出许可范围和许可有效期生产的情形				
11	变更申请	单位名称、住所、制造地址、办公地址改变及时申请变更				

注　1. 检查结果在“符合”“不符合”“无此项”相应项目栏中划“√”。
2. 检查需要说明的在“备注”栏填写。

表 9-2　　特种设备使用单位常规监督检查项目（安全管理）

序号	检查项目	检查内容	检查结果			备注
			符合	不符合	无此项	
1	设备档案	所抽查设备办理使用登记				
2		所抽查设备在检验有效期内				
3		按要求建立设备档案且档案齐全				
4		所抽查设备按要求进行经常性维护保养或者定期自行检查并有记录				
5		有设备故障、异常情况处理记录				
6		有事故隐患排查和整治记录				
7	人员档案	安全管理人员和作业人员证件在有效期内，项目符合要求并办理聘用手续				
8		有特种设备作业人员培训考核记录				

续表

序号	检查项目	检查内容	检查结果			备注
			符合	不符合	无此项	
9	机构及制度	按规定设置安全管理机构或配备专兼职安全管理人员，并书面任命安全责任人				
10		建立并实施安全管理制度和操作规程				
11		制定事故应急（专项）预案并有演练记录				

注　1. 检查结果在“符合”“不符合”“无此项”相应项目栏中划“√”。
2. 检查需要说明的在“备注”栏填写。

表 9-3　　特种设备使用单位常规监督检查项目（锅炉）

序号	检查项目	检查内容	检查结果			备注
			符合	不符合	无此项	
1	使用标志	设备办理使用登记并将使用标志置于设备的显著位置				
2	检验情况	设备在检验有效期内				
3	水（介）质处理	有水（介）质化验记录和定期水（介）质化验报告				
4	作业人员	作业人员具有有效证件并办理聘用手续				
5	安全附件及仪表	液位（面）计有最高、最低安全液位标记				
6		安全阀校验报告在有效期内，铅封完好				
7		压力表检定证书在有效期内，封签完好				
8	运行情况	按要求及时填写运行、检修记录				
9		现场检查时锅炉运行的压力、温度、水位在额定参数范围内				
10	节能管理	有锅炉及其系统日常节能检查记录				
11		按要求进行定期能效测试				

注　1. 检查结果在“符合”“不符合”“无此项”相应项目栏中划“√”。
2. 检查需要说明的在“备注”栏填写。

表 9–4　　特种设备使用单位常规监督检查项目（压力容器）

序号	检查项目	检查内容	检查结果			备注
			符合	不符合	无此项	
1	使用标志	设备按要求办理使用登记并将使用标志置于设备的显著位置				
2	检验情况	设备在检验有效期内				
3	定期自行检查情况	按规定进行年度检查				
4	作业人员	作业人员具有有效证件并办理聘用手续				
5	安全附件及仪表	安全阀校验报告在有效期内，铅封完好				
6		爆破片按照铭牌要求的期限定期更换				
7		压力表检定证书在有效期内，封签完好				
8		快开门联锁保护装置完整				
9	运行情况	现场检查时压力容器运行的压力、温度在额定参数范围内				

注　1. 检查结果在“符合”“不符合”“无此项”相应项目栏中划“√”。
2. 检查需要说明的在“备注”栏填写。

表 9–5　　特种设备使用单位常规监督检查项目（压力管道）

序号	检查项目	检查内容	检查结果			备注
			符合	不符合	无此项	
1	使用标志	工业管道办理使用登记				
2	检验情况	设备在检验有效期内				
3		长输管道和燃气管道检验信息按规定录入全国压力管道检验信息管理系统				
4	定期自行检查情况	按规定进行年度检查				
5	安全附件及仪表	安全阀校验报告在有效期内，铅封完好				

续表

序号	检查项目	检查内容	检查结果			备注
			符合	不符合	无此项	
6	安全附件及仪表	爆破片按照铭牌要求的期限定期更换				
7		压力表检定证书在有效期内，封签完好				
8	运行情况	现场检查时压力管道运行的压力、温度在额定参数范围内				

注　1. 检查结果在“符合”“不符合”“无此项”相应项目栏中划“√”。

2. 检查需要说明的在“备注”栏填写。

表 9–6　　特种设备使用单位常规监督检查项目（电梯）

序号	检查项目	检查内容	检查结果			备注
			符合	不符合	无此项	
1	使用标志及安全警示	设备按要求办理使用登记并将使用标志置于设备的显著位置				
2		安全注意事项和警示标志置于易于被乘客注意的显著位置				
3	检验情况	设备在检验有效期内				
4	安全保护装置	电梯轿厢内设置的紧急报警装置有效，联系畅通				
5		轿厢门防夹保护装置有效				
6		自动扶梯和自动人行道急停开关有效，且有清晰的永久性标识				
7		自动扶梯围裙板上的防夹装置完整				
8		自动扶梯和自动人行道出入口处梳齿板完好				
9		在与楼板交叉处以及各交叉设置的自动扶梯或者自动人行道之间，按要求装设防护挡板（扶手带外缘与任何障碍物之间距离大于等于 400mm 的除外）				
10	显示信号系统	抽查呼梯、选层、楼层指示等显示信号系统功能有效，指示正确				

续表

序号	检查项目	检查内容	检查结果			备注
			符合	不符合	无此项	
11	维保情况	签订维保合同并在有效期内				
12		有维保记录，并经安全管理人员确认				

注 1. 检查结果在“符合”“不符合”“无此项”相应项目栏中划“√”。
2. 检查需要说明的在“备注”栏填写。

表 9-7　　特种设备使用单位常规监督检查项目（起重机械）

序号	检查项目	检查内容	检查结果			备注
			符合	不符合	无此项	
1	使用标志	设备按要求办理使用登记并将使用标志置于设备的显著位置或存放档案中				
2		有额定起重量（额定起重力矩）标识，且固定在显著位置				
3	检验情况	设备在检验有效期内				
4	作业人员	作业人员按规定持有有效证件，并办理了聘用手续				
5	安全保护装置	按要求设置紧急停止开关且完好				
6		按要求设置起重量限制器且完好				
7		按要求设置力矩限制器且完好				
8		按要求设置防坠安全器且完好				
9		按要求设置高度限制器且完好				
10	维保情况	按规定进行定期自行检查和维护保养				

注 1. 检查结果在“符合”“不符合”“无此项”相应项目栏中划“√”。
2. 检查需要说明的在“备注”栏填写。

表 9-8　　特种设备使用单位常规监督检查项目［场（厂）内专用机动车辆］

序号	检查项目	检查内容	检查结果			备注
			符合	不符合	无此项	
1	使用标志及安全标志	设备按要求办理使用登记并将使用标志置于设备的显著位置				
2		悬挂有效牌照				
3		设置安全警示标志				

续表

序号	检查项目	检查内容	检查结果			备注
			符合	不符合	无此项	
4	检验情况	设备在检验有效期内				
5	作业人员	作业人员具有有效证件				
6	安全装置	车辆的照明系统和仪表盘正常				
7		车辆的行车、驻车制动系统有效				
8		有能发出清晰声响的警示装置（如喇叭）				
9		车辆后视镜有效				
10		按要求配备灭火器（仅观光车辆）				
11		按要求配置安全带（仅坐驾式车辆）				
12		紧急断电开关有效（仅电动车辆）				
13		视频监控装置有效（仅观光列车）				
14	运行及维保情况	按规定进行定期自行检查和维护保养				
15		非公路用旅游观光车辆在上下车站点处明示行驶路线图				

注　1. 检查结果在“符合”“不符合”“无此项”相应项目栏中划“√”。

2. 检查需要说明的在“备注”栏填写。

二、专项监督检查

市场监督管理部门为防范区域性、系统性风险，做好重大活动、重点工程以及节假日等重点时段安全保障，或者根据各级人民政府和上级市场监督管理部门的统一部署，在特定时间内对特定区域、领域的特种设备生产、经营、使用单位和检验、检测机构实施专项监督检查。

组织专项监督检查的市场监督管理部门应当制定专项监督检查工作方案，明确监督检查的范围、任务分工、进度安排等要求。

专项监督检查工作方案应当要求特种设备生产、经营、使用单位和检验、检测机构开展自查自纠，并规定专门的监督检查项目和内容，或者参照常规监督检查的项目和内容执行。特种设备检验、检测机构专项监督检查项目见表 9–9。

表 9-9 特种设备检验、检测机构专项监督检查项目

序号	检查项目	检查内容	检查结果			备注
			符合	不符合	无此项	
1	机构资质	核准证在有效期内				
2		不存在未经核准或者超出核准范围从事检验、检测工作的情况（抽查）				
3	执业人员	关键岗位人员任职条件满足核准规则要求				
4		持证人员数量满足核准规则要求				
5		持证人员已办理执业公示（抽查）				
6		未使用无证人员开展检验、检测工作（抽查）				
7	仪器设备	仪器设备的配备满足核准规则要求				
8		仪器设备已按规定进行检定或校准（抽查）				
9	文件资料	编制了检验检测细则或工艺或方案（抽查）				
10		建有档案库，资料归档及时、齐全（抽查）				
11	检验检测报告	按照安全技术规范要求进行检验、检测（抽查）				
12		及时上报检验、检测工作中发现的严重事故隐患（抽查）				
13	作风建设	未发现存在利用检验工作故意刁难相关单位的行为				
14		按照安全技术规范规定的时间要求及时出具检验报告（抽查）				
15	信息化	检验机构、无损检测机构、电梯检测机构建立了检验、检测信息管理系统				
16		检验机构、电梯检测机构按照当地市场监管部门的要求及时向使用登记管理系统上传检验检测数据				
17		完成监督检验、定期检验工作后，按规定向特种设备管理平台上传特种设备检验数据表				

续表

序号	检查项目	检查内容	检查结果			备注
			符合	不符合	无此项	
18	检验检测现场检查	检验机构在首次开展检验前按规定通报当地市场监管部门				
19		现场检验、检测时，持证人员数量满足安全技术规范要求				
20		现场检验、检测的持证人员已办理执业公示				
21		现场配备的仪器设备满足检验工作需要				
22		现场配备的仪器设备已进行了检定或校准				
23		有检验检测细则、工艺或方案				
24		按照安全技术规范要求进行现场检验、检测（抽查）				
25		及时形成检验、检测记录				
26		检验、检测记录填写规范				
27		检验检测人员配备了安全防护用品				

注　1. 检查结果在“符合”“不符合”“无此项”相应项目栏中划“√”。
2. 检查需要说明的在“备注”栏填写。
3. 本表格供开展特种设备检验、检测机构专项监督检查工作参考。

三、证后监督检查

市场监督管理部门对其许可的特种设备生产、充装单位和检验、检测机构是否持续保持许可条件、依法从事许可活动实施证后监督检查。

证后监督检查由实施行政许可的市场监督管理部门负责组织实施，或者委托下级市场监督管理部门组织实施。

组织实施证后监督检查的市场监督管理部门应当制定证后监督检查年度计划和工作方案。

证后监督检查年度计划应当明确检查对象、进度安排等要求，工作方案应当明确检查方式、检查内容等要求。

市场监督管理部门开展证后监督检查应当采用“双随机、一公开”方式，随机抽取被检查单位和检查人员，并及时公布监督检查结果。

证后监督检查对象库应当将本机关许可的特种设备生产、充装单位和检验、检测机构全部列入。

市场监督管理部门应当根据特种设备生产、充装质量安全状况或者特种设备检验、检测质量状况，确定证后监督检查重点单位名录，并对重点单位加大抽取比例。

符合以下情形之一的，应当列入重点单位名录：

（1）上一年度自我声明承诺换证的；

（2）上一年度生产、充装、检验、检测的特种设备发生过事故并对事故负有责任，或者因特种设备生产、充装、检验、检测问题被行政处罚的；

（3）上一年度因产品缺陷未履行主动召回义务被责令召回的；

（4）涉及特种设备安全的投诉举报较多，且经调查属实的；

（5）市场监督管理部门认为应当列入的其他情形。

同一年度，对同一单位已经进行证后监督检查的不再进行常规监督检查。

四、其他监督检查

市场监督管理部门对其他部门移送、上级交办、投诉、举报等途径和检验、检测、监测等方式发现的特种设备安全违法行为或者事故隐患线索，根据需要可以对特种设备生产、经营、使用单位和检验、检测机构实施监督检查。开展监督检查前，应当确定针对性的监督检查项目和内容。

五、监督检查程序

市场监督管理部门实施监督检查时，应当有两名以上检查人员参加，出示有效的特种设备安全行政执法证件，并说明检查的任务来源、依据、内容、要求等。

市场监督管理部门根据需要可以委托相关具有公益类事业单位法人资格的特种设备检验机构提供监督检查的技术支持和服务，或者邀请相关专业技术人员参加监督检查。

特种设备生产、经营、使用单位和检验、检测机构及其人员应当积极配合市场监督管理部门依法实施的特种设备安全监督检查。

特种设备生产、经营、使用单位和检验、检测机构应当按照专项监督检查工作方案的要求开展自查自纠。

检查人员应当对监督检查的基本情况、发现的问题及处理措施等做出记录，并由检查人员和被检查单位的有关负责人在监督检查记录上签字确认，监督检查记录见表 9–10。

表 9–10　　特种设备安全监督检查记录表

<table>
<tr><td rowspan="10">基本情况</td><td>检查类别</td><td colspan="8">□常规监督检查　□专项监督检查　□证后监督检查　□其他情形</td></tr>
<tr><td>检查日期</td><td colspan="8">年　月　日　时　分至　月　日　时　分</td></tr>
<tr><td rowspan="6">被检查单位情况</td><td colspan="8">单位名称：</td></tr>
<tr><td colspan="8">统一社会信用代码：</td></tr>
<tr><td colspan="4">法定代表人（负责人）：</td><td colspan="4">安全管理负责人：</td></tr>
<tr><td colspan="8">单位地址：</td></tr>
<tr><td>联系人</td><td></td><td colspan="2">职务</td><td colspan="2"></td><td>联系电话</td><td></td></tr>
<tr><td colspan="8">类别：□设计　□制造　□安装　□改造　□修理　□维保　□使用　□充装
□经营　□检验　□检测　□其他</td></tr>
<tr><td colspan="2">抽查设备名称</td><td colspan="2"></td><td colspan="2"></td><td colspan="3"></td></tr>
<tr><td colspan="2">使用登记代码（产品编号）</td><td colspan="2"></td><td colspan="2"></td><td colspan="3"></td></tr>
<tr><td>检查情况及发现的问题</td><td colspan="9">（注：如问题较多也可另附续页）</td></tr>
<tr><td>处理措施</td><td colspan="9">□下达监察指令书　□实施查封　□实施扣押　□其他</td></tr>
<tr><td colspan="10">被检查单位意见：
签　名：
日　期：　　年　月　日</td></tr>
</table>

检查人员：　　　　　　记录员：

日　期：　　年　月　日

检查人员可以根据监督检查情况，要求被检查单位提供相关材料。被检查单位应当如实提供，并在提供的材料上签名或者盖章。当场无法提供材料的，应当在检查人员通知的期限内提供。

市场监督管理部门在监督检查中，发现违反特种设备安全法律法规和安全技术规范的行为或者特种设备存在事故隐患的，应当依法发出特种设备安全监察指令（见表 9-11），或者交由属地市场监督管理部门依法发出特种设备安全监察指令，责令被检查单位限期采取措施予以改正或者消除事故隐患。

表 9-11　　特种设备安全监察指令书

（　　　　）市监特建〔　　〕第　　号

________：

经检查，你（单位）在特种设备安全方面存在下列问题：____

上述问题违反了________第____条________________________

的规定，根据________第____条________________________

________的规定，责令你（单位）于______年____月____日前采取以下措施予以改正或者消除事故隐患：________________________

如对本指令书不服，可以自收到本指令书之日起六十日内向________申请行政复议，或者六个月内向________人民法院提起行政诉讼。复议或者诉讼期间，不得停止改正或者停止消除事故隐患。

检查人员签名：
被检查单位（负责人）签名：

（市场监管部门公章或者特种设备安全监察专用章）
年　　月　　日

注　本指令书一式两份，发出部门、被检查单位各一份。

市场监督管理部门发现重大违法行为或者特种设备存在严重事故隐患的，应当责令被检查单位立即停止违法行为、采取措施消除事故隐患。

重大违法行为包括以下情形：

（1）未经许可，擅自从事特种设备生产、电梯维护保养、移动式压力容器充装或者气瓶充装活动的；

（2）未经核准，擅自从事特种设备检验、检测的；

（3）特种设备生产单位生产、销售、交付国家明令淘汰的特种设备，或者涂改、倒卖、出租、出借生产许可证的；

（4）特种设备经营单位销售、出租未取得许可生产、未经检验或者检验不合格、国家明令淘汰、已经报废的特种设备的；

（5）谎报或者瞒报特种设备事故的；

（6）检验、检测机构和人员出具虚假或者严重失实的检验、检测结果和鉴定结论的；

（7）被检查单位对严重事故隐患不予整改或者消除的；

（8）法律、行政法规和部门规章规定的其他重大违法行为。

特种设备存在严重事故隐患包括以下情形：

（1）特种设备未取得许可生产、国家明令淘汰、已经报废或者达到报废条件，继续使用的；

（2）特种设备未经监督检验或者经检验、检测不合格，继续使用的；

（3）特种设备安全附件、安全保护装置缺失或者失灵，继续使用的；

（4）特种设备发生过事故或者有明显故障，未对其进行全面检查、消除事故隐患，继续使用的；

（5）特种设备超过规定参数、使用范围使用的；

（6）市场监督管理部门认为属于严重事故隐患的其他情形。

市场监督管理部门在监督检查中，对有证据表明不符合安全技术规范要求、存在严重事故隐患、流入市场的达到报废条件或者已经报废的特种设备，应当依法实施查封、扣押。

当场能够整改的，可以不予查封、扣押。

监督检查中，被检查单位的有关负责人拒绝在特种设备安全监督检查记录或者相关文书上签字或者以其他方式确认的，检查人员应当在记录或者文书上注明情况，并采取拍照、录音、录像等方式记录，必要时可以邀请有关人员作为见证人。

被检查单位拒绝签收特种设备安全监察指令的，按照市场监督管理送达行政执法文书的有关规定执行，情节严重的，按照拒不执行特种设备安全监察指令予以处理。

被检查单位停产、停业或者确有其他无法实施监督检查情形的，检查人员可以终止监督检查，并记录相关情况。

被检查单位应当根据特种设备安全监察指令，在规定时间内予以改正，消除事故隐患，并提交整改报告。

市场监督管理部门应当在被检查单位提交整改报告后十个工作日内，对整改情况进行复查。复查可以通过现场检查、材料核查等方式实施。

发现重大违法行为或者严重事故隐患的，实施检查的市场监督管理部门应当及时报告上一级市场监督管理部门。

市场监督管理部门接到报告后，应当采取必要措施，及时予以处理。

监督检查中对拒绝接受检查、重大违法行为和严重事故隐患的处理，需要属地人民政府和有关部门支持、配合的，市场监督管理部门应当及时以书面形式报告属地人民政府或者通报有关部门，并提出相关安全监管建议，见表 9-12。

表 9-12　　　　　　　　特种设备安全监管建议书

（　　　　　）市监特建〔　　　〕第　　　号

________________：

我局在监督检查过程中发现________________（被检查单位）特种设备存在________________（拒绝接受检查、存在重大违法行为、存在严重事故隐患等）。为消除事故隐患，保障设备安全，根据《特种设备安全法》《特种设备安全监察条例》《特种设备安全监督检查办法》等规定，提出建议如下：

一、

二、

三、

……

以上建议请及时协调解决，有关处理结果请及时函告我局。

联系人：　　　　　　　　　　　　联系电话：

（市场监督管理部门公章）

年　　月　　日

接到报告或者通报的人民政府和其他有关部门依法采取必要措施及时处理时，市场监督管理部门应当积极予以配合。

特种设备安全行政处罚由违法行为发生地的县级以上市场监督管理部门实施。

违法行为发生地的县级以上市场监督管理部门依法吊销特种设备检验、检测人员及安全管理和作业人员行政许可的，应当将行政处罚决定抄送发证机关，由发证机关办理注销手续。

违法行为发生地的县级以上市场监督管理部门案件办理过程中，发现依法应当吊销特种设备生产、充装单位和特种设备检验、检测机构行政许可的，应当在作出相关行政处罚决定后，将涉及吊销许可证的违法行为证据材料移送发证机关，由发证机关依法予以吊销。

发现依法应当撤销许可的违法行为的，实施监督检查的市场监督管理部门应当及时向发证机关通报，并随附相关证据材料，由发证机关依法予以撤销。

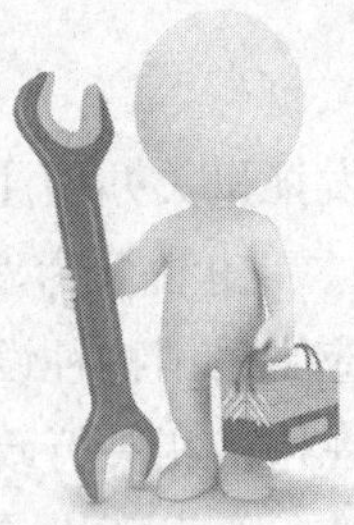

第十章　专项施工方案和专项安全技术措施

第一节　专项施工方案

一、专项施工方案的概念

专项施工方案是指施工单位就某一个具体的事项而专门制定的有针对性的施工方案。专项施工方案也是施工方案。

二、专项施工方案编写前的准备工作

专项施工方案编写前，应做必要的准备工作，包括施工方法选择、相互沟通、必要的试验验证。

1. 施工方法的选择

施工方法的选择应保证承担该项施工的单位有能力实施，可以满足施工工艺要求，并符合国家标准、行业标准的有关要求。施工方法选择时，应多做几个方案进行比较，以便保证最终施工方案能实现工程进度、质量、安全、环境和成本控制目标。

施工方案的选择应考虑施工方案的可行性，包括材料设备的供应情况、机械设备能力、操作的可行性和最终经济效益。同时，在编写施工方案时注意将传统施工工艺和新材料、新工艺、新装备、新技术、新流程相结合，使施工单位的优势和积极性更多地发挥出来，更好地解决施工难题。

2. 编写前的相互沟通

由于工程建设涉及各方面的利益和各方面的认识能力，专项施工方案编写时，除应征得建设单位、设计单位和监理单位同意外，在基本施工方法确定前，要了解施工涉及的各方面的相关规定。

3. 必要的试验验证

对具体的单位，第一次使用的新技术往往对材料的性能、工艺参数、施工方法掌握不好，这就需要在编写施工方案前做必要的试验验证。有些新问题尚缺少相应标准的技术支持，试验验证时，需要借鉴相关标准，甚至开发新的机械、工装解决施工难题。

三、专项施工方案的编写

1. 编写依据

编写依据包括：

（1）与施工方案有关的法律、法规和规范性文件；

（2）国家现行有关标准和技术经济指标；

（3）工程施工合同或招标文件对施工的要求；

（4）工程设计文件；

（5）工程施工范围内的现场条件、工程地质及水文地质、气象等自然条件；

（6）与施工方案有关的资源供应情况；

（7）施工企业的生产能力、机械设备状况、技术水平等。

2. 工程概况

工程概况应包括工程环境、设计简介和工程施工条件等。

工程环境应包括工程或专项工程名称参建单位的相关情况，工程的施工范围，施工合同，招标文件或总承包单位对工程施工的重点要求等。

设计简介主要介绍专项施工方案涉及工程范围内的工程设计内容和相关情况。工程施工条件应重点说明与专项施工方案涉及工程范围相关的内容。工程概况应通过设计简介和工程施工条件的介绍突出分部、分项工程或专项工程的重点和难点。

为正确描述工程概况，除文字描述外，还应配一些相关的图表。

3. 施工安排

施工安排是按照施工合同规定的工程进度、质量、安全、环境和成本等目标的工作部署。可根据专项工程规模有选择性地编写下列内容：①工程管理组织机构与岗位职责的确定；②技术准备工作要求；③工程施工顺序与施工流水段的划分；④施工场地的分配；⑤施工进度计划；⑥劳动力配置计划；⑦物资供应计划；⑧资金使用计划。

4. 施工技术方案

施工技术方案的要点主要通过对施工措施的介绍反映施工设计的结果，结构应符合相关标准的规定。一般通过方案施工图和文字的形式表达。方案施工图规定了施工范围和结构要求。文字表述应表述方案施工图不能全面表达的内容和标准要求，文字表述在表达标准要求时不应全面照抄，而应根据本工程的实际情况进行选择，并明确要求。

5. 施工工艺

施工工艺是实现技术方案的具体手段，直接影响施工进度、质量、安全和工程成本，施工工艺主要包括材料设备要求、作业条件、工艺流程、操作要点和质量标准。

6. 保障措施

保障措施是根据承担专项施工的单位已有的管理和技术经验，对专项施工提出的管理和技术措施。主要有质量保障措施、安全保障措施和环境保障措施。对于施工单位首次承担的项目，应对相关施工项目的管理和技术经验进行调研，以保证本单位的保障措施到位，顺利实现工程目标。

7. 计算书

专项施工方案的计算书是对专项施工所涉及的技术措施进行的相关计算，其目的是保证技术措施既经济，又安全。

8. 编写注意事项

（1）文字描述应是指令性的确定叙述；技术方案和施工工艺是施工方案全部文稿的核心内容，这部分应占全部文稿分量的 40% 以上。

（2）文稿的层次要清楚，标题要突出重点、简明扼要标题文字一般控制在 15 字以内。科技名词术语应全文统一。

四、专项施工方案的评审

专项施工方案完成编制后，应由施工单位技术部门组织本单位施工技术、安全、质量等部门的专业技术人员进行审核，以保障其可行性、安全性和经济性符合工程目标，经审核合格的，由施工单位技术负责人签字。

对于施工单位自行审核有困难的复杂专项施工方案和超过一定规模的危险性较大的分部分项工程专项施工方案，施工单位应邀请社会相关专家对专项施工方案进行论证。

1. 可行性

可行性包括：施工方案内容是否完整、可行，施工方法能否满足相关标准的质量要求，为后续工程创造有利条件的可能性，利用现有施工机械的可能性，对冬季雨期施工的适应性，为现场文明施工创造有利条件的可能性。

2. 安全性

安全性包括：施工方案的计算书和验算书依据是否符合相关标准的规定，安全施工的基本条件是否满足现场的实际情况、施工操作的安全可靠性。

3. 经济性

经济性包括：单项工程施工工期是否符合工程目标，单项工程施工成本是否合理，单项工程劳动消耗量是否合理，单项工程主要材料消耗量是否合理。

论证后的专项施工方案，施工单位应根据审核、论证的意见进行修改完善，并经施工单位技术负责人、项目总监理工程师、建设单位项目负责人签字后，方可组织实施。

五、达到或超过一定规模的危险性较大的分部分项工程目录

1. 达到一定规模的危险性较大的分部分项工程

以下分部分项工程为达到一定规模的危险性较大的，包括但不限于以下内容：

（1）基坑支护、降水工程开挖深度超过 3m（含 3m）或虽未超过 3m 但地质条件和周围环境复杂的基坑（槽）支护、降水工程。

（2）土方开挖工程：开挖深度超过 3m（含 3m）的基坑（槽）的土方开挖工程。

（3）模板工程及支撑体系。

1）各类工具式模板工程，包括大模板、滑膜、爬模、飞模等工程。

2）混凝土模板支撑工程，搭设高度 5m 及以上、搭设跨度 10m 及以上、施工总荷载 $10kN/m^2$ 及以上、集中线荷载 $15kN/m^2$ 及以上、高度大于支撑水平投影宽度且相对独立无联系构件的混凝土模板支撑工程。

3）承重支撑体系，用于钢结构安装等满堂支撑体系。

（4）起重吊装及安装拆卸工程。

1）采用非常规起重设备、方法，且单件起吊重量在 10kN 及以上的起重吊装工程。

2）采用起重机械进行安装的工程。

3）起重机械设备自身的安装、拆卸。

（5）脚手架工程。

1）搭设高度24m及以上的落地式钢管脚手架工程。

2）附着式整体和分片提升脚手架工程。

3）悬挑式脚手架工程。

4）吊篮脚手架工程。

5）自制卸料平台、移动操作平台工程。

6）新型及异形脚手架工程。

（6）拆除、爆破工程。

1）建（构）筑物拆除工程。

2）采用爆破拆除的工程。

（7）其他。

1）建筑幕墙安装工程。

2）钢结构、网架和索模结构安装工程。

3）人工挖扩孔桩工程。

4）地下暗挖、顶管及水下作业工程。

5）预应力工程。

6）采用五新（新技术、新工艺、新材料、新装备、新流程）及尚无相关技术标准的危险性较大的分部分项工程。

7）锅炉水压试验。

8）汽包就位。

9）顶板梁吊装就位。

10）燃机吊装。

11）发电机定子就位。

12）除氧器吊装。

13）高压加热器、低压加热器吊装。

14）厂用电受电。

15）氢系统充氢。

16）燃气系统。

17）锅炉酸洗作业。

18）锅炉、汽轮机管道吹扫。

19）甩负荷试验。

2. 超过一定规模的危险性较大的分部分项工程

以下分部分项工程为超过一定规模的危险性较大的，包括但不限于以下内容：

（1）深基坑工程。

1）开挖深度超过5m（含5m）的基坑（槽）的土方开挖、护、降水工程。

2）开挖深度虽未超过5m，但地质条件、周围环境和地下管线复杂，或影响毗邻建（构）筑物安全的基坑（槽）的土方开挖、支护和降水工程。

（2）模板工程及支撑体系。

1）工具式模板工程，包括大模板、滑模、爬模、飞模工程。

2）混凝土模板支撑工程，搭设高度8m及以上，搭设跨度18m及以上，施工总荷载15kN/m^{2}及以上，集中线荷载20kN/m^{2}及以上。

3）承重支撑体系，用于钢结构安装等满堂支撑体系，受单点集中荷载700kg以上。

（3）起重吊装及安装拆卸工程。

1）采用非常规起重设备、方法，单件起吊重量在100kN及以上的起重吊装工程。

2）起重量600kN及以上的起重设备安装工程；高度200m及以上内爬起重设备的拆除工程。

（4）脚手架工程。

1）搭设高度50m及以上的落地式钢管脚手架工程。

2）提升高度150m及以上附着式整体和分片提升脚手架工程。

3）架体高度20m及以上悬挑式脚手架工程。

（5）爆破、拆除工程。

1）采用爆破拆除的工程。

2）码头、梁、高架、烟囱、水塔或拆除中容易引起有毒、有害气（液）体或粉尘扩散、易燃、易爆事故发生的特殊建筑物（构）筑物工程。

3）可能影响行人、交通、电力设施、通信设施或其他建（构）筑物安全的拆除工程。

4）文物保护建筑、优秀历史建筑或历史文化风貌区控制范围内的拆除工程。

（6）其他。

1）施工高度50m及以上的建筑幕墙安装工程。

2）跨度大于36m及以上的钢结构安装工程、跨度大于60m及以上的网架和索模结构安装工程。

3）开挖深度超过16m的人工挖孔桩工程。

4）地下暗挖工程、顶管工程、水下作业工程。

5）采用“五新”及尚无相关技术标准的危险性较大的分部分项工程。

第二节 专项安全技术措施

一、施工安全技术措施的概述

施工安全技术措施是在施工项目生产活动中，根据工程特点、规模、结构复杂程度、工期、施工现场环境、劳动组织、施工方法、施工机械设备、变配电设施、架设工具以及各项安全防护措施等，针对施工中存在的不安全因素进行预测和分析，找出危险点，为消除和控制危险隐患，从技术和管理上采取措施加以防范，消除不安全因素，防止事故发生，确保项目安全施工。

二、施工安全技术措施的内容

施工安全技术措施主要包括：

（1）进入施工现场的安全规定。

（2）地面及深坑作业的防护。

（3）高处及立体交叉作业的防护。

（4）施工用电安全。

（5）机械设备的安全使用。

（6）预防因自然灾害（防台风、防雷击、防洪水、防地震、防暑降温、防冻、防寒、防滑等）促成事故的措施。

（7）防火、防爆措施。

三、重要临时设施、重要施工工序、特殊作业、危险作业目录

以下为重要临时设施、重要施工工序、特殊作业、危险作业项目，包括但不限于以下内容：

1. 重要临时设施

包括施工供用电、用水、氧气、乙炔、压缩空气及其管系，交通运输道路，作业棚，加工间，资料档案库，砂石料生产系统、混凝土生产系统、混凝土预制

件生产厂、起重运输机械，位于地质灾害易发区项目的灰场，油库、雷管、炸药、剧毒品库及其他危险品库，射源存放库和锅炉房等。

2. 重要施工工序

大型起重机械安装、拆除、移位及负荷试验，特殊杆塔及大型结构吊装，高塔组立，预应力混凝土张拉，汽轮机扣大盖，发电机穿转子，发电机大型部件吊装，大板梁吊装，大型变压器运输、吊罩、抽芯检查、干燥及耐压试验，大型电机干燥及耐压试验，燃油区进油，锅炉大件吊装及高压管道水压试验，高压线路及厂用设备带电，主要电气设备耐压试验，临时供电设备安装与检修，汽水管道冲洗及过渡，重要转动机械试运，主蒸汽管道吹洗，锅炉升压，安全阀整定，油循环，汽轮发电机试运，燃气管道吹扫，燃气、氢气、氧气等投运，发电机首次并网，高边坡开挖，爆破作业，高排架、承重排架安装和拆除，大体积混凝土浇筑，大坎、悬崖部分混凝土浇筑等。

3. 特殊作业

大型设备、构件起吊运输（超重、超高、超宽、超长物件），爆破、爆压及在金属容器内作业，高压带电线路交叉作业，邻近高压线路施工，进入高压带电区、电厂运行区、电缆沟、氢气站、乙炔站及带电线路作业，接触易燃、易爆、剧毒、腐蚀剂、有害气体或液体及粉尘、射线作业等，季节性施工，多工种立体交叉作业及与运行交叉的作业。

4. 危险作业项目

起重机满负荷起吊，两台及以上起重机抬吊作业，移动式起重机在高压线下方及其附近作业，起吊危险品，超重、超高、超宽、超长物件和精密、价格昂贵设备的装卸及运输，油区进油后明火作业，在发电、变电运行区作业，高压带电作业及邻近高压带电体作业，特殊高处脚手架、金属升降架、大型起重机械拆卸、组装作业，水上、水下作业，沉井、沉箱、金属容器内作业，土石方爆破，国家和地方规定的其他危险作业。

四、办理安全施工作业票作业项目

以下施工项目开工前必须办理施工作业票，包括但不限于以下内容：

（1）土石方爆破。

（2）高边坡及深坑基础开挖和支护。

（3）起吊重量达到起重机械额定负荷的 90% 及以上。

（4）两台及以上起重机抬吊作业。

（5）起重机械和施工升降机安装、拆卸、负荷试验。

（6）龙门架安装拆卸及负荷试验。

（7）起吊危险品。

（8）超重、超高、超宽、超长物件和精密、价格昂贵设备及构件的吊装及运输。

（9）起重机械在输电线路下方或其附近作业。

（10）水上、水下作业。

（11）受限空间作业。

（12）发电机穿转子。

（13）特殊消防系统调试。

（14）油区进油后明火作业。

（15）燃气、氢气、氧气等投运。

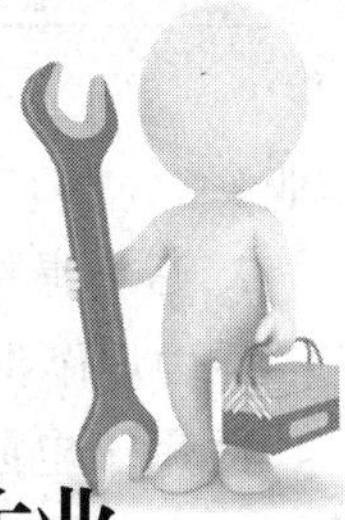

第十一章　特种作业和特种设备作业

第一节　特种作业

一、电工作业

电工作业指对电气设备进行运行、维护、安装、检修、改造、施工、调试等作业（不含电力系统进网作业）。

1. 高压电工作业

高压电工作业指对 1kV 及以上的高压电气设备进行运行、维护、安装、检修、改造、施工、调试、试验及绝缘工、器具进行试验的作业。

2. 低压电工作业

低压电工作业指对 1kV 以下的低压电器设备进行安装、调试、运行操作、维护、检修、改造施工和试验的作业。

3. 防爆电气作业

防爆电气作业指对各种防爆电气设备进行安装、检修、维护的作业。适用于除煤矿井下以外的防爆电气作业。

二、焊接与热切割作业

焊接与热切割作业指运用焊接或者热切割方法对材料进行加工的作业（不含《特种设备安全监察条例》规定的有关作业）。

1. 熔化焊接与热切割作业

熔化焊接与热切割作业指使用局部加热的方法将连接处的金属或其他材料加热至熔化状态而完成焊接与切割的作业。

适用于气焊与气割、焊条电弧焊与碳弧气刨、埋弧焊、气体保护焊、等离子弧焊、电渣焊、电子束焊、激光焊、氧熔剂切割、激光切割、等离子切割等作业。

2. 压力焊作业

压力焊作业指利用焊接时施加一定压力而完成的焊接作业。

适用于电阻焊、气压焊、爆炸焊、摩擦焊、冷压焊、超声波焊、锻焊等作业。

3. 钎焊作业

钎焊作业指使用比母材熔点低的材料作钎料，将焊件和钎料加热到高于钎料熔点，但低于母材熔点的温度，利用液态钎料润湿母材，填充接头间隙并与母材相互扩散而实现连接焊件的作业。

适用于火焰钎焊作业、电阻钎焊作业、感应钎焊作业、浸渍钎焊作业、炉中钎焊作业，不包括烙铁钎焊作业。

三、高处作业

高处作业指专门或经常在坠落高度基准面 2m 及以上有可能坠落的高处进行的作业。

1. 登高架设作业

登高架设作业指在高处从事脚手架、跨越架架设或拆除的作业。

2. 高处安装、维护、拆除作业

高处安装、维护、拆除作业指在高处从事安装、维护、拆除的作业。

适用于利用专用设备进行建筑物内外装饰、清洁、装修，电力、电信等线路架设，高处管道架设，小型空调高处安装、维修，各种设备设施与户外广告设施的安装、检修、维护以及在高处从事建筑物、设备设施拆除作业。

四、制冷与空调作业

制冷与空调作业指对大中型制冷与空调设备运行操作、安装与修理的作业。

1. 制冷与空调设备运行操作作业

制冷与空调设备运行操作作业指对各类生产经营企业和事业等单位的大中型制冷与空调设备运行操作的作业。

适用于化工类（石化、化工、天然气液化、工艺性空调）生产企业，机械类（冷加工、冷处理、工艺性空调）生产企业，食品类（酿造、饮料、速冻或冷冻调理食品、工艺性空调）生产企业，农副产品加工类（屠宰及肉食品加工、水产加工、果蔬加工）生产企业，仓储类（冷库、速冻加工、制冰）生产经营企业，运输类（冷藏运输）经营企业，服务类（电信机房、体育场馆、建筑的集中空调）经营企业和事业等单位的大中型制冷与空调设备运行操作作业。

2. 制冷与空调设备安装修理作业

制冷与空调设备安装修理作业指对制冷与空调设备整机、部件及相关系统进行安装、调试与维修的作业。

五、煤矿安全作业

1. 煤矿井下电气作业

煤矿井下电气作业指从事煤矿井下机电设备的安装、调试、巡检、维修和故障处理，保证本班机电设备安全运行的作业。

适用于与煤共生、伴生的坑探、矿井建设、开采过程中的井下电钳等作业。

2. 煤矿井下爆破作业

煤矿井下爆破作业指在煤矿井下进行爆破的作业。

3. 煤矿安全监测监控作业

煤矿安全监测监控作业指从事煤矿井下安全监测监控系统的安装、调试、巡检、维修，保证其安全运行的作业。

适用于与煤共生、伴生的坑探、矿井建设、开采过程中的安全监测监控作业。

4. 煤矿瓦斯检查作业

煤矿瓦斯检查作业指从事煤矿井下瓦斯巡检工作，负责管辖范围内通风设施的完好及通风、瓦斯情况检查，按规定填写各种记录，及时处理或汇报发现的问题的作业。

适用于与煤共生、伴生的矿井建设、开采过程中的煤矿井下瓦斯检查作业。

5. 煤矿安全检查作业

煤矿安全检查作业指从事煤矿安全监督检查，巡检生产作业场所的安全设施和安全生产状况，检查并督促处理相应事故隐患的作业。

6. 煤矿提升机操作作业

煤矿提升机操作作业指操作煤矿的提升设备运送人员、矿石、矸石和物料，并负责巡检和运行记录的作业。

适用于操作煤矿提升机，包括立井、暗立井提升机，斜井、暗斜井提升机以及露天矿山斜坡卷扬提升的提升机作业。

7. 煤矿采煤机（掘进机）操作作业

煤矿采煤机（掘进机）操作作业指在采煤工作面、掘进工作面操作采煤机、掘进机，从事落煤、装煤、掘进工作，负责采煤机、掘进机巡检和运行记录，保证采煤机、掘进机安全运行的作业。

适用于煤矿开采、掘进过程中的采煤机、掘进机作业。

8. 煤矿瓦斯抽采作业

煤矿瓦斯抽采作业指从事煤矿井下瓦斯抽采钻孔施工、封孔、瓦斯流量测定及瓦斯抽采设备操作等，保证瓦斯抽采工作安全进行的作业。

适用于煤矿、与煤共生和伴生的矿井建设、开采过程中的煤矿地面和井下瓦斯抽采作业。

9. 煤矿防突作业

煤矿防突作业指从事煤与瓦斯突出的预测预报、相关参数的收集与分析、防治突出措施的实施与检查、防突效果检验等，保证防突工作安全进行的作业。

适用于煤矿、与煤共生和伴生的矿井建设、开采过程中的煤矿井下煤与瓦斯防突作业。

10. 煤矿探放水作业

煤矿探放水作业指从事煤矿探放水的预测预报、相关参数的收集与分析、探放水措施的实施与检查、效果检验等，保证探放水工作安全进行的作业。

适用于煤矿、与煤共生和伴生的矿井建设、开采过程中的煤矿井下探放水作业。

六、金属非金属矿山安全作业

1. 金属非金属矿井通风作业

金属非金属矿井通风作业指安装井下局部通风机，操作地面主要扇风机、井下局部通风机和辅助通风机，操作、维护矿井通风构筑物，进行井下防尘，使矿井通风系统正常运行，保证局部通风，以预防中毒窒息和除尘等的作业。

2. 尾矿作业

尾矿作业指从事尾矿库放矿、筑坝、巡坝、抽洪和排渗设施的作业。

适用于金属非金属矿山的尾矿作业。

3. 金属非金属矿山安全检查作业

金属非金属矿山安全检查作业指从事金属非金属矿山安全监督检查，巡检生产作业场所的安全设施和安全生产状况，检查并督促处理相应事故隐患的作业。

4. 金属非金属矿山提升机操作作业

金属非金属矿山提升机操作作业指操作金属非金属矿山的提升设备运送人员、矿石、矸石和物料，及负责巡检和运行记录的作业。

适用于金属非金属矿山的提升机，包括竖井、盲竖井提升机，斜井、盲斜井提升机以及露天矿山斜坡卷扬提升的提升机作业。

5. 金属非金属矿山支柱作业

金属非金属矿山支柱作业指在井下检查井巷和采场顶板、帮壁的稳定性，撬浮石和进行支护的作业。

6. 金属非金属矿山井下电气作业

金属非金属矿山井下电气作业指从事金属非金属矿山井下机电设备的安装、调试、巡检、维修和故障处理，保证机电设备安全运行的作业。

7. 金属非金属矿山排水作业

金属非金属矿山排水作业指从事金属非金属矿山排水设备日常使用、维护、巡检的作业。

8. 金属非金属矿山爆破作业

金属非金属矿山爆破作业指在露天和井下进行爆破的作业。

七、石油天然气安全作业

司钻作业指石油、天然气开采过程中操作钻机起升钻具的作业。

适用于陆上石油、天然气司钻（含钻井司钻、作业司钻及勘探司钻）作业。

八、冶金（有色）生产安全作业

煤气作业指冶金、有色企业内从事煤气生产、储存、输送、使用、维护检修的作业。

九、危险化学品安全作业

危险化学品安全作业指从事危险化工工艺过程操作及化工自动化控制仪表安装、维修、维护的作业。

1. 光气及光气化工艺作业

光气及光气化工艺作业指光气合成以及厂内光气储存、输送和使用岗位的作业。

适用于一氧化碳与氯气反应得到光气，光气合成双光气、三光气，采用光气作单体合成聚碳酸酯，甲苯二异氰酸酯（TDI）制备，4，4'-二苯基甲烷二异氰酸酯（MDI）制备等工艺过程的操作作业。

2. 氯碱电解工艺作业

氯碱电解工艺作业指氯化钠和氯化钾电解、液氯储存和充装岗位的作业。

适用于氯化钠（食盐）水溶液电解生产氯气、氢氧化钠、氢气，氯化钾水溶液电解生产氯气、氢氧化钾、氢气等工艺过程的操作作业。

3. 氯化工艺作业

氯化工艺作业指液氯储存、气化和氯化反应岗位的作业。

适用于取代氯化、加成氯化、氧氯化等工艺过程的操作作业。

4. 硝化工艺作业

硝化工艺作业指硝化反应、精馏分离岗位的作业。

适用于直接硝化法、间接硝化法、亚硝化法等工艺过程的操作作业。

5. 合成氨工艺作业

合成氨工艺作业指压缩、氨合成反应、液氨储存岗位的作业。

适用于节能氨五工艺法（AMV），德士古水煤浆加压气化法、凯洛格法，甲醇与合成氨联合生产的联醇法，纯碱与合成氨联合生产的联碱法，采用变换催化剂、氧化锌脱硫剂和甲烷催化剂的“三催化”气体净化法工艺过程的操作作业。

6. 裂解（裂化）工艺作业

裂解（裂化）工艺作业指石油系的烃类原料裂解（裂化）岗位的作业。

适用于热裂解制烯烃工艺，重油催化裂化制汽油、柴油、丙烯、丁烯，乙苯裂解制苯乙烯，二氟一氯甲烷（HCFC-22）热裂解制得四氟乙烯（TFE），二氟一氯乙烷（HCFC-142b）热裂解制得偏氟乙烯（VDF），四氟乙烯和八氟环丁烷热裂解制得六氟乙烯（HFP）工艺过程的操作作业。

7. 氟化工艺作业

氟化工艺作业指氟化反应岗位的作业。

适用于直接氟化、金属氟化物或氟化氢气体氟化、置换氟化以及其他氟化物的制备等工艺过程的操作作业。

8. 加氢工艺作业

加氢工艺作业指加氢反应岗位的作业。

适用于不饱和炔烃、烯烃的三键和双键加氢、芳烃加氢、含氧化合物加氢、含氮化合物加氢以及油品加氢等工艺过程的操作作业。

9. 重氮化工艺作业

重氮化工艺作业指重氮化反应、重氮盐后处理岗位的作业。

适用于顺法、反加法、亚硝酰硫酸法、硫酸铜触媒法以及盐析法等工艺过程的操作作业。

10. 氧化工艺作业

氧化工艺作业指氧化反应岗位的作业。

适用于乙烯氧化制环氧乙烷，甲醇氧化制备甲醛，对二甲苯氧化制备对苯二甲酸，异丙苯经氧化－酸解联产苯酚和丙酮，环己烷氧化制环己酮，天然气氧化制乙炔，丁烯、丁烷、C4 馏分或苯的氧化制顺丁烯二酸酐，邻二甲苯或萘的氧化制备邻苯二甲酸酐，均四甲苯的氧化制备均苯四甲酸二酐，苊氧化制 1，8– 萘二甲酸酐，3– 甲基吡啶氧化制 3– 吡啶甲酸（烟酸），4– 甲基吡啶氧化制 4– 吡啶甲酸（异烟酸），2– 乙基己醇（异辛醇）氧化制备 2– 乙基己酸（异辛酸），对氯甲苯氧化制备对氯苯甲醛和对氯苯甲酸，甲苯氧化制备苯甲醛、苯甲酸，对硝基甲苯氧化制备对硝基苯甲酸，环十二醇 / 酮混合物的开环氧化制备十二碳二酸，环己酮 / 醇混合物的氧化制己二酸，乙二醛硝酸氧化法合成乙醛酸，以及丁醛氧化制丁酸以及氨氧化制硝酸等工艺过程的操作作业。

11. 过氧化工艺作业

过氧化工艺作业指过氧化反应、过氧化物储存岗位的作业。

适用于双氧水的生产，乙酸在硫酸存在下与双氧水作用制备过氧乙酸水溶液，酸酐与双氧水作用直接制备过氧二酸，苯甲酰氯与双氧水的碱性溶液作用制备过氧化苯甲酰，以及异丙苯经空气氧化生产过氧化氢异丙苯等工艺过程的操作作业。

12. 胺基化工艺作业

胺基化工艺作业指胺基化反应岗位的作业。

适用于邻硝基氯苯与氨水反应制备邻硝基苯胺，对硝基氯苯与氨水反应制备对硝基苯胺，间甲酚与氯化铵的混合物在催化剂和氨水作用下生成间甲苯胺，甲醇在催化剂和氨气作用下制备甲胺，1– 硝基蒽醌与过量的氨水在氯苯中制备 1– 氨基蒽醌，2，6– 蒽醌二磺酸氨解制备 2，6– 二氨基蒽醌，苯乙烯与胺反应制备 N– 取代苯乙胺，环氧乙烷或亚乙基亚胺与胺或氨发生开环加成反应制备氨基乙醇或二胺，甲苯经氨氧化制备苯甲腈，以及丙烯氨氧化制备丙烯腈等工艺过程的操作作业。

13. 磺化工艺作业

磺化工艺作业指磺化反应岗位的作业。

适用于三氧化硫磺化法、共沸去水磺化法、氯磺酸磺化法、烘焙磺化法，以及亚硫酸盐磺化法等工艺过程的操作作业。

14. 聚合工艺作业

聚合工艺作业指聚合反应岗位的作业。

适用于聚烯烃、聚氯乙烯、合成纤维、橡胶、乳液、涂料黏合剂生产以及氟化物聚合等工艺过程的操作作业。

15. 烷基化工艺作业

烷基化工艺作业指烷基化反应岗位的作业。

适用于C–烷基化反应、N–烷基化反应、O–烷基化反应等工艺过程的操作作业。

16. 化工自动化控制仪表作业

化工自动化控制仪表作业指化工自动化控制仪表系统安装、维修、维护的作业。

十、烟花爆竹安全作业

烟花爆竹安全作业指从事烟花爆竹生产、储存中的药物混合、造粒、筛选、装药、筑药、压药、搬运等危险工序的作业。

1. 烟火药制造作业

烟火药制造作业指从事烟火药的粉碎、配药、混合、造粒、筛选、干燥、包装等作业。

2. 黑火药制造作业

黑火药制造作业指从事黑火药的潮药、浆硝、包片、碎片、油压、抛光和包浆等作业。

3. 引火线制造作业

引火线制造作业指从事引火线的制引、浆引、漆引、切引等作业。

4. 烟花爆竹产品涉药作业

烟花爆竹产品涉药作业指从事烟花爆竹产品加工中的压药、装药、筑药、褙药剂、已装药的钻孔等作业。

5. 烟花爆竹储存作业

烟花爆竹储存作业指从事烟花爆竹仓库保管、守护、搬运等作业。

十一、其他

国家安全生产监督管理总局认定的其他作业。

第二节　特种设备作业

特种设备作业的种类见表 11-1。

表 11-1　　特种设备作业种类

序号	种类	作业项目	项目代号
1	特种设备安全管理	特种设备安全管理	A
2	锅炉作业	工业锅炉司炉	G1
		电站锅炉司炉①	G2
		锅炉水处理	G3
3	压力容器作业	快开门式压力容器操作	R1
		移动式压力容器充装	R2
		氧舱维护保养	R3
4	气瓶作业	气瓶充装	P
5	电梯作业	电梯修理②	T
6	起重机作业	起重机指挥	Q1
		起重机司机③	Q2
7	客运索道作业	客运索道修理	S1
		客运索道司机	S2
8	大型游乐设施作业	大型游乐设施修理	Y1
		大型游乐设施操作	Y2
9	场（厂）内专用机动车辆作业	叉车司机	N1
		观光车和观光列车司机	N2
10	安全附件维修作业	安全阀校验	F

续表

序号	种类	作业项目	项目代号
11	特种设备焊接作业	金属焊接操作④	
		非金属焊接操作	

注 ① 资格认定范围为300MW以下（不含300MW）的电站锅炉司炉人员，300MW及以上电站锅炉司炉人员由使用单位按照电力行业规范自行进行技能培训。

② 电梯修理作业项目包括修理和维护保养作业。

③ 可根据报考人员的申请需求进行范围限制，具体明确限制为桥式起重机司机、门式起重机司机、塔式起重机司机、门座式起重机司机、缆索式起重机司机、流动式起重机司机、升降机司机，如“起重机司机（限桥式起重机）”等。

④ 特种设备焊接作业人员代号按照《特种设备焊接操作人员考核规则》的规定执行。

附录A　中华人民共和国安全生产法

中华人民共和国主席令第70号

第一章　总　则

第一条　为了加强安全生产监督管理，防止和减少生产安全事故，保障人民群众生命和财产安全，促进经济发展，制定本法。

第二条　在中华人民共和国领域内从事生产经营活动的单位（以下统称生产经营单位）的安全生产，适用本法；有关法律、行政法规对消防安全和道路交通安全、铁路交通安全、水上交通安全、民用航空安全另有规定的，适用其规定。

第三条　安全生产管理，坚持安全第一、预防为主的方针。

第四条　生产经营单位必须遵守本法和其他有关安全生产的法律、法规，加强安全生产管理，建立、健全安全生产责任制度，完善安全生产条件，确保安全生产。

第五条　生产经营单位的主要负责人对本单位的安全生产工作全面负责。

第六条　生产经营单位的从业人员有依法获得安全生产保障的权利，并应当依法履行安全生产方面的义务。

第七条　工会依法组织职工参加本单位安全生产工作的民主管理和民主监督，维护职工在安全生产方面的合法权益。

第八条　国务院和地方各级人民政府应当加强对安全生产工作的领导，支持、督促各有关部门依法履行安全生产监督管理职责。

县级以上人民政府对安全生产监督管理中存在的重大问题应当及时予以协调、解决。

第九条　国务院负责安全生产监督管理的部门依照本法，对全国安全生产工作实施综合监督管理；县级以上地方各级人民政府负责安全生产监督管理的部门依照本法，对本行政区域内安全生产工作实施综合监督管理。

国务院有关部门依照本法和其他有关法律、行政法规的规定，在各自的职责范围内对有关的安全生产工作实施监督管理；县级以上地方各级人民政府有关部门依照本法和其他有关法律、法规的规定，在各自的职责范围内对有关的安全生产工作实施监督管理。

第十条 国务院有关部门应当按照保障安全生产的要求，依法及时制定有关的国家标准或者行业标准，并根据科技进步和经济发展适时修订。

生产经营单位必须执行依法制定的保障安全生产的国家标准或者行业标准。

第十一条 各级人民政府及其有关部门应当采取多种形式，加强对有关安全生产的法律、法规和安全生产知识的宣传，提高职工的安全生产意识。

第十二条 依法设立的为安全生产提供技术服务的中介机构，依照法律、行政法规和执业准则，接受生产经营单位的委托为其安全生产工作提供技术服务。

第十三条 国家实行生产安全事故责任追究制度，依照本法和有关法律、法规的规定，追究生产安全事故责任人员的法律责任。

第十四条 国家鼓励和支持安全生产科学技术研究和安全生产先进技术的推广应用，提高安全生产水平。

第十五条 国家对在改善安全生产条件、防止生产安全事故、参加抢险救护等方面取得显著成绩的单位和个人，给予奖励。

第二章 生产经营单位的安全生产保障

第十六条 生产经营单位应当具备本法和有关法律、行政法规和国家标准或者行业标准规定的安全生产条件；不具备安全生产条件的，不得从事生产经营活动。

第十七条 生产经营单位的主要负责人对本单位安全生产工作负有下列职责：

（一）建立、健全本单位安全生产责任制；

（二）组织制定本单位安全生产规章制度和操作规程；

（三）保证本单位安全生产投入的有效实施；

（四）督促、检查本单位的安全生产工作，及时消除生产安全事故隐患；

（五）组织制定并实施本单位的生产安全事故应急救援预案；

（六）及时、如实报告生产安全事故。

第十八条　生产经营单位应当具备的安全生产条件所必需的资金投入，由生产经营单位的决策机构、主要负责人或者个人经营的投资人予以保证，并对由于安全生产所必需的资金投入不足导致的后果承担责任。

第十九条　矿山、建筑施工单位和危险物品的生产、经营、储存单位，应当设置安全生产管理机构或者配备专职安全生产管理人员。

前款规定以外的其他生产经营单位，从业人员超过三百人的，应当设置安全生产管理机构或者配备专职安全生产管理人员；从业人员在三百人以下的，应当配备专职或者兼职的安全生产管理人员，或者委托具有国家规定的相关专业技术资格的工程技术人员提供安全生产管理服务。

生产经营单位依照前款规定委托工程技术人员提供安全生产管理服务的，保证安全生产的责任仍由本单位负责。

第二十条　生产经营单位的主要负责人和安全生产管理人员必须具备与本单位所从事的生产经营活动相应的安全生产知识和管理能力。

危险物品的生产、经营、储存单位以及矿山、建筑施工单位的主要负责人和安全生产管理人员，应当由有关主管部门对其安全生产知识和管理能力考核合格后方可任职。考核不得收费。

第二十一条　生产经营单位应当对从业人员进行安全生产教育和培训，保证从业人员具备必要的安全生产知识，熟悉有关的安全生产规章制度和安全操作规程，掌握本岗位的安全操作技能。未经安全生产教育和培训合格的从业人员，不得上岗作业。

第二十二条　生产经营单位采用新工艺、新技术、新材料或者使用新设备，必须了解、掌握其安全技术特性，采取有效的安全防护措施，并对从业人员进行专门的安全生产教育和培训。

第二十三条　生产经营单位的特种作业人员必须按照国家有关规定经专门的安全作业培训，取得特种作业操作资格证书，方可上岗作业。

特种作业人员的范围由国务院负责安全生产监督管理的部门会同国务院有关部门确定。

第二十四条　生产经营单位新建、改建、扩建工程项目（以下统称建设项目）的安全设施，必须与主体工程同时设计、同时施工、同时投入生产和使用。安全设施投资应当纳入建设项目概算。

第二十五条　矿山建设项目和用于生产、储存危险物品的建设项目，应当分别按照国家有关规定进行安全条件论证和安全评价。

第二十六条 建设项目安全设施的设计人、设计单位应当对安全设施设计负责。

矿山建设项目和用于生产、储存危险物品的建设项目的安全设施设计应当按照国家有关规定报经有关部门审查，审查部门及其负责审查的人员对审查结果负责。

第二十七条 矿山建设项目和用于生产、储存危险物品的建设项目的施工单位必须按照批准的安全设施设计施工，并对安全设施的工程质量负责。

矿山建设项目和用于生产、储存危险物品的建设项目竣工投入生产或者使用前，必须依照有关法律、行政法规的规定对安全设施进行验收；验收合格后，方可投入生产和使用。验收部门及其验收人员对验收结果负责。

第二十八条 生产经营单位应当在有较大危险因素的生产经营场所和有关设施、设备上，设置明显的安全警示标志。

第二十九条 安全设备的设计、制造、安装、使用、检测、维修、改造和报废，应当符合国家标准或者行业标准。

生产经营单位必须对安全设备进行经常性维护、保养，并定期检测，保证正常运转。维护、保养、检测应当做好记录，并由有关人员签字。

第三十条 生产经营单位使用的涉及生命安全、危险性较大的特种设备，以及危险物品的容器、运输工具，必须按照国家有关规定，由专业生产单位生产，并经取得专业资质的检测、检验机构检测、检验合格，取得安全使用证或者安全标志，方可投入使用。检测、检验机构对检测、检验结果负责。

涉及生命安全、危险性较大的特种设备的目录由国务院负责特种设备安全监督管理的部门制定，报国务院批准后执行。

第三十一条 国家对严重危及生产安全的工艺、设备实行淘汰制度。

生产经营单位不得使用国家明令淘汰、禁止使用的危及生产安全的工艺、设备。

第三十二条 生产、经营、运输、储存、使用危险物品或者处置废弃危险物品的，由有关主管部门依照有关法律、法规的规定和国家标准或者行业标准审批并实施监督管理。

生产经营单位生产、经营、运输、储存、使用危险物品或者处置废弃危险物品，必须执行有关法律、法规和国家标准或者行业标准，建立专门的安全管理制度，采取可靠的安全措施，接受有关主管部门依法实施的监督管理。

第三十三条　生产经营单位对重大危险源应当登记建档，进行定期检测、评估、监控，并制定应急预案，告知从业人员和相关人员在紧急情况下应当采取的应急措施。

生产经营单位应当按照国家有关规定将本单位重大危险源及有关安全措施、应急措施报有关地方人民政府负责安全生产监督管理的部门和有关部门备案。

第三十四条　生产、经营、储存、使用危险物品的车间、商店、仓库不得与员工宿舍在同一座建筑物内，并应当与员工宿舍保持安全距离。

生产经营场所和员工宿舍应当设有符合紧急疏散要求、标志明显、保持畅通的出口。禁止封闭、堵塞生产经营场所或者员工宿舍的出口。

第三十五条　生产经营单位进行爆破、吊装等危险作业，应当安排专门人员进行现场安全管理，确保操作规程的遵守和安全措施的落实。

第三十六条　生产经营单位应当教育和督促从业人员严格执行本单位的安全生产规章制度和安全操作规程，并向从业人员如实告知作业场所和工作岗位存在的危险因素、防范措施以及事故应急措施。

第三十七条　生产经营单位必须为从业人员提供符合国家标准或者行业标准的劳动防护用品，并监督、教育从业人员按照使用规则佩戴、使用。

第三十八条　生产经营单位的安全生产管理人员应当根据本单位的生产经营特点，对安全生产状况进行经常性检查；对检查中发现的安全问题，应当立即处理；不能处理的，应当及时报告本单位有关负责人。检查及处理情况应当记录在案。

第三十九条　生产经营单位应当安排用于配备劳动防护用品、进行安全生产培训的经费。

第四十条　两个以上生产经营单位在同一作业区域内进行生产经营活动，可能危及对方生产安全的，应当签订安全生产管理协议，明确各自的安全生产管理职责和应当采取的安全措施，并指定专职安全生产管理人员进行安全检查与协调。

第四十一条　生产经营单位不得将生产经营项目、场所、设备发包或者出租给不具备安全生产条件或者相应资质的单位或者个人。

生产经营项目、场所有多个承包单位、承租单位的，生产经营单位应当与承包单位、承租单位签订专门的安全生产管理协议，或者在承包合同、租赁合同中约定各自的安全生产管理职责；生产经营单位对承包单位、承租单位的安全生产工作统一协调、管理。

第四十二条 生产经营单位发生重大生产安全事故时，单位的主要负责人应当立即组织抢救，并不得在事故调查处理期间擅离职守。

第四十三条 生产经营单位必须依法参加工伤社会保险，为从业人员缴纳保险费。

第三章 从业人员的权利和义务

第四十四条 生产经营单位与从业人员订立的劳动合同，应当载明有关保障从业人员劳动安全、防止职业危害的事项，以及依法为从业人员办理工伤社会保险的事项。

生产经营单位不得以任何形式与从业人员订立协议，免除或者减轻其对从业人员因生产安全事故伤亡依法应承担的责任。

第四十五条 生产经营单位的从业人员有权了解其作业场所和工作岗位存在的危险因素、防范措施及事故应急措施，有权对本单位的安全生产工作提出建议。

第四十六条 从业人员有权对本单位安全生产工作中存在的问题提出批评、检举、控告；有权拒绝违章指挥和强令冒险作业。

生产经营单位不得因从业人员对本单位安全生产工作提出批评、检举、控告或者拒绝违章指挥、强令冒险作业而降低其工资、福利等待遇或者解除与其订立的劳动合同。

第四十七条 从业人员发现直接危及人身安全的紧急情况时，有权停止作业或者在采取可能的应急措施后撤离作业场所。

生产经营单位不得因从业人员在前款紧急情况下停止作业或者采取紧急撤离措施而降低其工资、福利等待遇或者解除与其订立的劳动合同。

第四十八条 因生产安全事故受到损害的从业人员，除依法享有工伤社会保险外，依照有关民事法律尚有获得赔偿的权利的，有权向本单位提出赔偿要求。

第四十九条 从业人员在作业过程中，应当严格遵守本单位的安全生产规章制度和操作规程，服从管理，正确佩戴和使用劳动防护用品。

第五十条 从业人员应当接受安全生产教育和培训，掌握本职工作所需的安全生产知识，提高安全生产技能，增强事故预防和应急处理能力。

第五十一条 从业人员发现事故隐患或者其他不安全因素，应当立即向现场安全生产管理人员或者本单位负责人报告；接到报告的人员应当及时予以处理。

第五十二条　工会有权对建设项目的安全设施与主体工程同时设计、同时施工、同时投入生产和使用进行监督，提出意见。

工会对生产经营单位违反安全生产法律、法规，侵犯从业人员合法权益的行为，有权要求纠正；发现生产经营单位违章指挥、强令冒险作业或者发现事故隐患时，有权提出解决的建议，生产经营单位应当及时研究答复；发现危及从业人员生命安全的情况时，有权向生产经营单位建议组织从业人员撤离危险场所，生产经营单位必须立即做出处理。

工会有权依法参加事故调查，向有关部门提出处理意见，并要求追究有关人员的责任。

第四章　安全生产的监督管理

第五十三条　县级以上地方各级人民政府应当根据本行政区域内的安全生产状况，组织有关部门按照职责分工，对本行政区域内容易发生重大生产安全事故的生产经营单位进行严格检查；发现事故隐患，应当及时处理。

第五十四条　依照本法第九条规定对安全生产负有监督管理职责的部门（以下统称负有安全生产监督管理职责的部门）依照有关法律、法规的规定，对涉及安全生产的事项需要审查批准（包括批准、核准、许可、注册、认证、颁发证照等，下同）或者验收的，必须严格依照有关法律、法规和国家标准或者行业标准规定的安全生产条件和程序进行审查；不符合有关法律、法规和国家标准或者行业标准规定的安全生产条件的，不得批准或者验收通过。对未依法取得批准或者验收合格的单位擅自从事有关活动的，负责行政审批的部门发现或者接到举报后应当立即予以取缔，并依法予以处理。对已经依法取得批准的单位，负责行政审批的部门发现其不再具备安全生产条件的，应当撤销原批准。

第五十五条　负有安全生产监督管理职责的部门对涉及安全生产的事项进行审查、验收，不得收取费用；不得要求接受审查、验收的单位购买其指定品牌或者指定生产、销售单位的安全设备、器材或者其他产品。

第五十六条　负有安全生产监督管理职责的部门依法对生产经营单位执行有关安全生产的法律、法规和国家标准或者行业标准的情况进行监督检查，行使以下职权：

（一）进入生产经营单位进行检查，调阅有关资料，向有关单位和人员了解情况。

（二）对检查中发现的安全生产违法行为，当场予以纠正或者要求限期改正；对依法应当给予行政处罚的行为，依照本法和其他有关法律、行政法规的规定作出行政处罚决定。

（三）对检查中发现的事故隐患，应当责令立即排除；重大事故隐患排除前或者排除过程中无法保证安全的，应当责令从危险区域内撤出作业人员，责令暂时停产停业或者停止使用；重大事故隐患排除后，经审查同意，方可恢复生产经营和使用。

（四）对有根据认为不符合保障安全生产的国家标准或者行业标准的设施、设备、器材予以查封或者扣押，并应当在十五日内依法作出处理决定。

监督检查不得影响被检查单位的正常生产经营活动。

第五十七条 生产经营单位对负有安全生产监督管理职责的部门的监督检查人员（以下统称安全生产监督检查人员）依法履行监督检查职责，应当予以配合，不得拒绝、阻挠。

第五十八条 安全生产监督检查人员应当忠于职守，坚持原则，秉公执法。

安全生产监督检查人员执行监督检查任务时，必须出示有效的监督执法证件；对涉及被检查单位的技术秘密和业务秘密，应当为其保密。

第五十九条 安全生产监督检查人员应当将检查的时间、地点、内容、发现的问题及其处理情况，作出书面记录，并由检查人员和被检查单位的负责人签字；被检查单位的负责人拒绝签字的，检查人员应当将情况记录在案，并向负有安全生产监督管理职责的部门报告。

第六十条 负有安全生产监督管理职责的部门在监督检查中，应当互相配合，实行联合检查；确需分别进行检查的，应当互通情况，发现存在的安全问题应当由其他有关部门进行处理的，应当及时移送其他有关部门并形成记录备查，接受移送的部门应当及时进行处理。

第六十一条 监察机关依照行政监察法的规定，对负有安全生产监督管理职责的部门及其工作人员履行安全生产监督管理职责实施监察。

第六十二条 承担安全评价、认证、检测、检验的机构应当具备国家规定的资质条件，并对其作出的安全评价、认证、检测、检验的结果负责。

第六十三条 负有安全生产监督管理职责的部门应当建立举报制度，公开举报电话、信箱或者电子邮件地址，受理有关安全生产的举报；受理的举报事项经调查核实后，应当形成书面材料；需要落实整改措施的，报经有关负责人签字并督促落实。

第六十四条 任何单位或者个人对事故隐患或者安全生产违法行为，均有权向负有安全生产监督管理职责的部门报告或者举报。

第六十五条 居民委员会、村民委员会发现其所在区域内的生产经营单位存在事故隐患或者安全生产违法行为时，应当向当地人民政府或者有关部门报告。

第六十六条 县级以上各级人民政府及其有关部门对报告重大事故隐患或者举报安全生产违法行为的有功人员，给予奖励。具体奖励办法由国务院负责安全生产监督管理的部门会同国务院财政部门制定。

第六十七条 新闻、出版、广播、电影、电视等单位有进行安全生产宣传教育的义务，有对违反安全生产法律、法规的行为进行舆论监督的权利。

第五章 生产安全事故的应急救援与调查处理

第六十八条 县级以上地方各级人民政府应当组织有关部门制定本行政区域内特大生产安全事故应急救援预案，建立应急救援体系。

第六十九条 危险物品的生产、经营、储存单位以及矿山、建筑施工单位应当建立应急救援组织；生产经营规模较小，可以不建立应急救援组织的，应当指定兼职的应急救援人员。

危险物品的生产、经营、储存单位以及矿山、建筑施工单位应当配备必要的应急救援器材、设备，并进行经常性维护、保养，保证正常运转。

第七十条 生产经营单位发生生产安全事故后，事故现场有关人员应当立即报告本单位负责人。

单位负责人接到事故报告后，应当迅速采取有效措施，组织抢救，防止事故扩大，减少人员伤亡和财产损失，并按照国家有关规定立即如实报告当地负有安全生产监督管理职责的部门，不得隐瞒不报、谎报或者拖延不报，不得故意破坏事故现场、毁灭有关证据。

第七十一条 负有安全生产监督管理职责的部门接到事故报告后，应当立即按照国家有关规定上报事故情况。负有安全生产监督管理职责的部门和有关地方人民政府对事故情况不得隐瞒不报、谎报或者拖延不报。

第七十二条 有关地方人民政府和负有安全生产监督管理职责的部门的负责人接到重大生产安全事故报告后，应当立即赶到事故现场，组织事故抢救。

任何单位和个人都应当支持、配合事故抢救，并提供一切便利条件。

第七十三条 事故调查处理应当按照实事求是、尊重科学的原则，及时、准确地查清事故原因，查明事故性质和责任，总结事故教训，提出整改措施，并对事故责任者提出处理意见。事故调查和处理的具体办法由国务院制定。

第七十四条 生产经营单位发生生产安全事故，经调查确定为责任事故的，除了应当查明事故单位的责任并依法予以追究外，还应当查明对安全生产的有关事项负有审查批准和监督职责的行政部门的责任，对有失职、渎职行为的，依照本法第七十七条的规定追究法律责任。

第七十五条 任何单位和个人不得阻挠和干涉对事故的依法调查处理。

第七十六条 县级以上地方各级人民政府负责安全生产监督管理的部门应当定期统计分析本行政区域内发生生产安全事故的情况，并定期向社会公布。

第六章 法律责任

第七十七条 负有安全生产监督管理职责的部门的工作人员，有下列行为之一的，给予降级或者撤职的行政处分；构成犯罪的，依照刑法有关规定追究刑事责任：

（一）对不符合法定安全生产条件的涉及安全生产的事项予以批准或者验收通过的；

（二）发现未依法取得批准、验收的单位擅自从事有关活动或者接到举报后不予取缔或者不依法予以处理的；

（三）对已经依法取得批准的单位不履行监督管理职责，发现其不再具备安全生产条件而不撤销原批准或者发现安全生产违法行为不予查处的。

第七十八条 负有安全生产监督管理职责的部门，要求被审查、验收的单位购买其指定的安全设备、器材或者其他产品的，在对安全生产事项的审查、验收中收取费用的，由其上级机关或者监察机关责令改正，责令退还收取的费用；情节严重的，对直接负责的主管人员和其他直接责任人员依法给予行政处分。

第七十九条 承担安全评价、认证、检测、检验工作的机构，出具虚假证明，构成犯罪的，依照刑法有关规定追究刑事责任；尚不够刑事处罚的，没收违法所得，违法所得在五千元以上的，并处违法所得二倍以上五倍以下的罚款，没有违法所得或者违法所得不足五千元的，单处或者并处五千元以上二万元以下的罚款，对其直接负责的主管人员和其他直接责任人员处五千元以上五万元以下的罚款；给他人造成损害的，与生产经营单位承担连带赔偿责任。

对有前款违法行为的机构，撤销其相应资格。

第八十条 生产经营单位的决策机构、主要负责人、个人经营的投资人不依照本法规定保证安全生产所必需的资金投入，致使生产经营单位不具备安全生产条件的，责令限期改正，提供必需的资金；逾期未改正的，责令生产经营单位停产停业整顿。

有前款违法行为，导致发生生产安全事故，构成犯罪的，依照刑法有关规定追究刑事责任；尚不够刑事处罚的，对生产经营单位的主要负责人给予撤职处分，对个人经营的投资人处二万元以上二十万元以下的罚款。

第八十一条 生产经营单位的主要负责人未履行本法规定的安全生产管理职责的，责令限期改正；逾期未改正的，责令生产经营单位停产停业整顿。

生产经营单位的主要负责人有前款违法行为，导致发生生产安全事故，构成犯罪的，依照刑法有关规定追究刑事责任；尚不够刑事处罚的，给予撤职处分或者处二万元以上二十万元以下的罚款。

生产经营单位的主要负责人依照前款规定受刑事处罚或者撤职处分的，自刑罚执行完毕或者受处分之日起，五年内不得担任任何生产经营单位的主要负责人。

第八十二条 生产经营单位有下列行为之一的，责令限期改正；逾期未改正的，责令停产停业整顿，可以并处二万元以下的罚款：

（一）未按照规定设立安全生产管理机构或者配备安全生产管理人员的；

（二）危险物品的生产、经营、储存单位以及矿山、建筑施工单位的主要负责人和安全生产管理人员未按照规定经考核合格的；

（三）未按照本法第二十一条、第二十二条的规定对从业人员进行安全生产教育和培训，或者未按照本法第三十六条的规定如实告知从业人员有关的安全生产事项的；

（四）特种作业人员未按照规定经专门的安全作业培训并取得特种作业操作资格证书，上岗作业的。

第八十三条 生产经营单位有下列行为之一的，责令限期改正；逾期未改正的，责令停止建设或者停产停业整顿，可以并处五万元以下的罚款；造成严重后果，构成犯罪的，依照刑法有关规定追究刑事责任：

（一）矿山建设项目或者用于生产、储存危险物品的建设项目没有安全设施设计或者安全设施设计未按照规定报经有关部门审查同意的；

（二）矿山建设项目或者用于生产、储存危险物品的建设项目的施工单位未按照批准的安全设施设计施工的；

（三）矿山建设项目或者用于生产、储存危险物品的建设项目竣工投入生产或者使用前，安全设施未经验收合格的；

（四）未在有较大危险因素的生产经营场所和有关设施、设备上设置明显的安全警示标志的；

（五）安全设备的安装、使用、检测、改造和报废不符合国家标准或者行业标准的；

（六）未对安全设备进行经常性维护、保养和定期检测的；

（七）未为从业人员提供符合国家标准或者行业标准的劳动防护用品的；

（八）特种设备以及危险物品的容器、运输工具未经取得专业资质的机构检测、检验合格，取得安全使用证或者安全标志，投入使用的；

（九）使用国家明令淘汰、禁止使用的危及生产安全的工艺、设备的。

第八十四条 未经依法批准，擅自生产、经营、储存危险物品的，责令停止违法行为或者予以关闭，没收违法所得，违法所得十万元以上的，并处违法所得一倍以上五倍以下的罚款，没有违法所得或者违法所得不足十万元的，单处或者并处二万元以上十万元以下的罚款；造成严重后果，构成犯罪的，依照刑法有关规定追究刑事责任。

第八十五条 生产经营单位有下列行为之一的，责令限期改正；逾期未改正的，责令停产停业整顿，可以并处二万元以上十万元以下的罚款；造成严重后果，构成犯罪的，依照刑法有关规定追究刑事责任：

（一）生产、经营、储存、使用危险物品，未建立专门安全管理制度、未采取可靠的安全措施或者不接受有关主管部门依法实施的监督管理的；

（二）对重大危险源未登记建档，或者未进行评估、监控，或者未制定应急预案的；

（三）进行爆破、吊装等危险作业，未安排专门管理人员进行现场安全管理的。

第八十六条 生产经营单位将生产经营项目、场所、设备发包或者出租给不具备安全生产条件或者相应资质的单位或者个人的，责令限期改正，没收违法所得；违法所得五万元以上的，并处违法所得一倍以上五倍以下的罚款；没有违法所得或者违法所得不足五万元的，单处或者并处一万元以上五万元以下的罚款；导致发生生产安全事故给他人造成损害的，与承包方、承租方承担连带赔偿责任。

生产经营单位未与承包单位、承租单位签订专门的安全生产管理协议或者未在承包合同、租赁合同中明确各自的安全生产管理职责，或者未对承包单位、承租单位的安全生产统一协调、管理的，责令限期改正；逾期未改正的，责令停产停业整顿。

第八十七条 两个以上生产经营单位在同一作业区域内进行可能危及对方安全生产的生产经营活动，未签订安全生产管理协议或者未指定专职安全生产管理人员进行安全检查与协调的，责令限期改正；逾期未改正的，责令停产停业。

第八十八条 生产经营单位有下列行为之一的，责令限期改正；逾期未改正的，责令停产停业整顿；造成严重后果，构成犯罪的，依照刑法有关规定追究刑事责任：

（一）生产、经营、储存、使用危险物品的车间、商店、仓库与员工宿舍在同一座建筑内，或者与员工宿舍的距离不符合安全要求的；

（二）生产经营场所和员工宿舍未设有符合紧急疏散需要、标志明显、保持畅通的出口，或者封闭、堵塞生产经营场所或者员工宿舍出口的。

第八十九条 生产经营单位与从业人员订立协议，免除或者减轻其对从业人员因生产安全事故伤亡依法应承担的责任的，该协议无效；对生产经营单位的主要负责人、个人经营的投资人处二万元以上十万元以下的罚款。

第九十条 生产经营单位的从业人员不服从管理，违反安全生产规章制度或者操作规程的，由生产经营单位给予批评教育，依照有关规章制度给予处分；造成重大事故，构成犯罪的，依照刑法有关规定追究刑事责任。

第九十一条 生产经营单位主要负责人在本单位发生重大生产安全事故时，不立即组织抢救或者在事故调查处理期间擅离职守或者逃匿的，给予降职、撤职的处分，对逃匿的处十五日以下拘留；构成犯罪的，依照刑法有关规定追究刑事责任。

生产经营单位主要负责人对生产安全事故隐瞒不报、谎报或者拖延不报的，依照前款规定处罚。

第九十二条 有关地方人民政府、负有安全生产监督管理职责的部门，对生产安全事故隐瞒不报、谎报或者拖延不报的，对直接负责的主管人员和其他直接责任人员依法给予行政处分；构成犯罪的，依照刑法有关规定追究刑事责任。

第九十三条 生产经营单位不具备本法和其他有关法律、行政法规和国家标准或者行业标准规定的安全生产条件，经停产停业整顿仍不具备安全生产条件的，予以关闭；有关部门应当依法吊销其有关证照。

第九十四条 本法规定的行政处罚，由负责安全生产监督管理的部门决定；

予以关闭的行政处罚由负责安全生产监督管理的部门报请县级以上人民政府按照国务院规定的权限决定；给予拘留的行政处罚由公安机关依照治安管理处罚条例的规定决定。有关法律、行政法规对行政处罚的决定机关另有规定的，依照其规定。

第九十五条 生产经营单位发生生产安全事故造成人员伤亡、他人财产损失的，应当依法承担赔偿责任；拒不承担或者其负责人逃匿的，由人民法院依法强制执行。

生产安全事故的责任人未依法承担赔偿责任，经人民法院依法采取执行措施后，仍不能对受害人给予足额赔偿的，应当继续履行赔偿义务；受害人发现责任人有其他财产的，可以随时请求人民法院执行。

第七章 附 则

第九十六条 本法下列用语的含义：

危险物品，是指易燃易爆物品、危险化学品、放射性物品等能够危及人身安全和财产安全的物品。

重大危险源，是指长期地或者临时地生产、搬运、使用或者储存危险物品，且危险物品的数量等于或者超过临界量的单元（包括场所和设施）。

第九十七条 本法自2002年11月1日起施行。

附录B　中华人民共和国特种设备安全法

中华人民共和国主席令第四号

第一章　总则

第一条　为了加强特种设备安全工作，预防特种设备事故，保障人身和财产安全，促进经济社会发展，制定本法。

第二条　特种设备的生产（包括设计、制造、安装、改造、修理）、经营、使用、检验、检测和特种设备安全的监督管理，适用本法。

本法所称特种设备，是指对人身和财产安全有较大危险性的锅炉、压力容器（含气瓶）、压力管道、电梯、起重机械、客运索道、大型游乐设施、场（厂）内专用机动车辆，以及法律、行政法规规定适用本法的其他特种设备。

国家对特种设备实行目录管理。特种设备目录由国务院负责特种设备安全监督管理的部门制定，报国务院批准后执行。

第三条　特种设备安全工作应当坚持安全第一、预防为主、节能环保、综合治理的原则。

第四条　国家对特种设备的生产、经营、使用，实施分类的、全过程的安全监督管理。

第五条　国务院负责特种设备安全监督管理的部门对全国特种设备安全实施监督管理。县级以上地方各级人民政府负责特种设备安全监督管理的部门对本行政区域内特种设备安全实施监督管理。

第六条　国务院和地方各级人民政府应当加强对特种设备安全工作的领导，督促各有关部门依法履行监督管理职责。

县级以上地方各级人民政府应当建立协调机制，及时协调、解决特种设备安全监督管理中存在的问题。

第七条　特种设备生产、经营、使用单位应当遵守本法和其他有关法律、法规，建立、健全特种设备安全和节能责任制度，加强特种设备安全和节能管理，确保特种设备生产、经营、使用安全，符合节能要求。

第八条 特种设备生产、经营、使用、检验、检测应当遵守有关特种设备安全技术规范及相关标准。

特种设备安全技术规范由国务院负责特种设备安全监督管理的部门制定。

第九条 特种设备行业协会应当加强行业自律，推进行业诚信体系建设，提高特种设备安全管理水平。

第十条 国家支持有关特种设备安全的科学技术研究，鼓励先进技术和先进管理方法的推广应用，对做出突出贡献的单位和个人给予奖励。

第十一条 负责特种设备安全监督管理的部门应当加强特种设备安全宣传教育，普及特种设备安全知识，增强社会公众的特种设备安全意识。

第十二条 任何单位和个人有权向负责特种设备安全监督管理的部门和有关部门举报涉及特种设备安全的违法行为，接到举报的部门应当及时处理。

第二章 生产、经营、使用

第一节 一般规定

第十三条 特种设备生产、经营、使用单位及其主要负责人对其生产、经营、使用的特种设备安全负责。

特种设备生产、经营、使用单位应当按照国家有关规定配备特种设备安全管理人员、检测人员和作业人员，并对其进行必要的安全教育和技能培训。

第十四条 特种设备安全管理人员、检测人员和作业人员应当按照国家有关规定取得相应资格，方可从事相关工作。特种设备安全管理人员、检测人员和作业人员应当严格执行安全技术规范和管理制度，保证特种设备安全。

第十五条 特种设备生产、经营、使用单位对其生产、经营、使用的特种设备应当进行自行检测和维护保养，对国家规定实行检验的特种设备应当及时申报并接受检验。

第十六条 特种设备采用新材料、新技术、新工艺，与安全技术规范的要求不一致，或者安全技术规范未作要求、可能对安全性能有重大影响的，应当向国务院负责特种设备安全监督管理的部门申报，由国务院负责特种设备安全监督管理的部门及时委托安全技术咨询机构或者相关专业机构进行技术评审，评审结果经国务院负责特种设备安全监督管理的部门批准，方可投入生产、使用。

国务院负责特种设备安全监督管理的部门应当将允许使用的新材料、新技术、新工艺的有关技术要求，及时纳入安全技术规范。

第十七条　国家鼓励投保特种设备安全责任保险。

第二节　生产

第十八条　国家按照分类监督管理的原则对特种设备生产实行许可制度。特种设备生产单位应当具备下列条件，并经负责特种设备安全监督管理的部门许可，方可从事生产活动：

（一）有与生产相适应的专业技术人员。

（二）有与生产相适应的设备、设施和工作场所。

（三）有健全的质量保证、安全管理和岗位责任等制度。

第十九条　特种设备生产单位应当保证特种设备生产符合安全技术规范及相关标准的要求，对其生产的特种设备的安全性能负责。不得生产不符合安全性能要求和能效指标以及国家明令淘汰的特种设备。

第二十条　锅炉、气瓶、氧舱、客运索道、大型游乐设施的设计文件，应当经负责特种设备安全监督管理的部门核准的检验机构鉴定，方可用于制造。

特种设备产品、部件或者试制的特种设备新产品、新部件以及特种设备采用的新材料，按照安全技术规范的要求需要通过型式试验进行安全性验证的，应当经负责特种设备安全监督管理的部门核准的检验机构进行型式试验。

第二十一条　特种设备出厂时，应当随附安全技术规范要求的设计文件、产品质量合格证明、安装及使用维护保养说明、监督检验证明等相关技术资料和文件，并在特种设备显著位置设置产品铭牌、安全警示标志及其说明。

第二十二条　电梯的安装、改造、修理，必须由电梯制造单位或者其委托的依照本法取得相应许可的单位进行。电梯制造单位委托其他单位进行电梯安装、改造、修理的，应当对其安装、改造、修理进行安全指导和监控，并按照安全技术规范的要求进行校验和调试。电梯制造单位对电梯安全性能负责。

第二十三条　特种设备安装、改造、修理的施工单位应当在施工前将拟进行的特种设备安装、改造、修理情况书面告知直辖市或者设区的市级人民政府负责特种设备安全监督管理的部门。

第二十四条　特种设备安装、改造、修理竣工后，安装、改造、修理的施工单位应当在验收后三十日内将相关技术资料和文件移交特种设备使用单位。特种设备使用单位应当将其存入该特种设备的安全技术档案。

第二十五条 锅炉、压力容器、压力管道元件等特种设备的制造过程和锅炉、压力容器、压力管道、电梯、起重机械、客运索道、大型游乐设施的安装、改造、重大修理过程，应当经特种设备检验机构按照安全技术规范的要求进行监督检验；未经监督检验或者监督检验不合格的，不得出厂或者交付使用。

第二十六条 国家建立缺陷特种设备召回制度。因生产原因造成特种设备存在危及安全的同一性缺陷的，特种设备生产单位应当立即停止生产，主动召回。

国务院负责特种设备安全监督管理的部门发现特种设备存在应当召回而未召回的情形时，应当责令特种设备生产单位召回。

第三节 经营

第二十七条 特种设备销售单位销售的特种设备，应当符合安全技术规范及相关标准的要求，其设计文件、产品质量合格证明、安装及使用维护保养说明、监督检验证明等相关技术资料和文件应当齐全。

特种设备销售单位应当建立特种设备检查验收和销售记录制度。

禁止销售未取得许可生产的特种设备，未经检验和检验不合格的特种设备，或者国家明令淘汰和已经报废的特种设备。

第二十八条 特种设备出租单位不得出租未取得许可生产的特种设备或者国家明令淘汰和已经报废的特种设备，以及未按照安全技术规范的要求进行维护保养和未经检验或者检验不合格的特种设备。

第二十九条 特种设备在出租期间的使用管理和维护保养义务由特种设备出租单位承担，法律另有规定或者当事人另有约定的除外。

第三十条 进口的特种设备应当符合我国安全技术规范的要求，并经检验合格；需要取得我国特种设备生产许可的，应当取得许可。

进口特种设备随附的技术资料和文件应当符合本法第二十一条的规定，其安装及使用维护保养说明、产品铭牌、安全警示标志及其说明应当采用中文。

特种设备的进出口检验，应当遵守有关进出口商品检验的法律、行政法规。

第三十一条 进口特种设备，应当向进口地负责特种设备安全监督管理的部门履行提前告知义务。

第四节 使用

第三十二条 特种设备使用单位应当使用取得许可生产并经检验合格的特种

设备。

禁止使用国家明令淘汰和已经报废的特种设备。

第三十三条　特种设备使用单位应当在特种设备投入使用前或者投入使用后三十日内，向负责特种设备安全监督管理的部门办理使用登记，取得使用登记证书。登记标志应当置于该特种设备的显著位置。

第三十四条　特种设备使用单位应当建立岗位责任、隐患治理、应急救援等安全管理制度，制定操作规程，保证特种设备安全运行。

第三十五条　特种设备使用单位应当建立特种设备安全技术档案。安全技术档案应当包括以下内容：

（一）特种设备的设计文件、产品质量合格证明、安装及使用维护保养说明、监督检验证明等相关技术资料和文件。

（二）特种设备的定期检验和定期自行检查记录。

（三）特种设备的日常使用状况记录。

（四）特种设备及其附属仪器仪表的维护保养记录。

（五）特种设备的运行故障和事故记录。

第三十六条　电梯、客运索道、大型游乐设施等为公众提供服务的特种设备的运营使用单位，应当对特种设备的使用安全负责，设置特种设备安全管理机构或者配备专职的特种设备安全管理人员；其他特种设备使用单位，应当根据情况设置特种设备安全管理机构或者配备专职、兼职的特种设备安全管理人员。

第三十七条　特种设备的使用应当具有规定的安全距离、安全防护措施。

与特种设备安全相关的建筑物、附属设施，应当符合有关法律、行政法规的规定。

第三十八条　特种设备属于共有的，共有人可以委托物业服务单位或者其他管理人管理特种设备，受托人履行本法规定的特种设备使用单位的义务，承担相应责任。共有人未委托的，由共有人或者实际管理人履行管理义务，承担相应责任。

第三十九条　特种设备使用单位应当对其使用的特种设备进行经常性维护保养和定期自行检查，并做出记录。

特种设备使用单位应当对其使用的特种设备的安全附件、安全保护装置进行定期校验、检修，并做出记录。

第四十条　特种设备使用单位应当按照安全技术规范的要求，在检验合格有效期届满前一个月向特种设备检验机构提出定期检验要求。

特种设备检验机构接到定期检验要求后，应当按照安全技术规范的要求及时进行安全性能检验。特种设备使用单位应当将定期检验标志置于该特种设备的显著位置。

未经定期检验或者检验不合格的特种设备，不得继续使用。

第四十一条 特种设备安全管理人员应当对特种设备使用状况进行经常性检查，发现问题应当立即处理；情况紧急时，可以决定停止使用特种设备并及时报告本单位有关负责人。

特种设备作业人员在作业过程中发现事故隐患或者其他不安全因素，应当立即向特种设备安全管理人员和单位有关负责人报告；特种设备运行不正常时，特种设备作业人员应当按照操作规程采取有效措施保证安全。

第四十二条 特种设备出现故障或者发生异常情况，特种设备使用单位应当对其进行全面检查，消除事故隐患，方可继续使用。

第四十三条 客运索道、大型游乐设施在每日投入使用前，其运营使用单位应当进行试运行和例行安全检查，并对安全附件和安全保护装置进行检查确认。

电梯、客运索道、大型游乐设施的运营使用单位应当将电梯、客运索道、大型游乐设施的安全使用说明、安全注意事项和警示标志置于易于为乘客注意的显著位置。

公众乘坐或者操作电梯、客运索道、大型游乐设施，应当遵守安全使用说明和安全注意事项的要求，服从有关工作人员的管理和指挥；遇有运行不正常时，应当按照安全指引，有序撤离。

第四十四条 锅炉使用单位应当按照安全技术规范的要求进行锅炉水（介）质处理，并接受特种设备检验机构的定期检验。

从事锅炉清洗，应当按照安全技术规范的要求进行，并接受特种设备检验机构的监督检验。

第四十五条 电梯的维护保养应当由电梯制造单位或者依照本法取得许可的安装、改造、修理单位进行。

电梯的维护保养单位应当在维护保养中严格执行安全技术规范的要求，保证其维护保养的电梯的安全性能，并负责落实现场安全防护措施，保证施工安全。

电梯的维护保养单位应当对其维护保养的电梯的安全性能负责；接到故障通知后，应当立即赶赴现场，并采取必要的应急救援措施。

第四十六条 电梯投入使用后，电梯制造单位应当对其制造的电梯的安全运行情况进行跟踪调查和了解，对电梯的维护保养单位或者使用单位在维护保养和安全运行方面存在的问题，提出改进建议，并提供必要的技术帮助；发现电梯存在严重事故隐患时，应当及时告知电梯使用单位，并向负责特种设备安全监督管理的部门报告。电梯制造单位对调查和了解的情况，应当做出记录。

第四十七条　特种设备进行改造、修理，按照规定需要变更使用登记的，应当办理变更登记，方可继续使用。

第四十八条　特种设备存在严重事故隐患，无改造、修理价值，或者达到安全技术规范规定的其他报废条件的，特种设备使用单位应当依法履行报废义务，采取必要措施消除该特种设备的使用功能，并向原登记的负责特种设备安全监督管理的部门办理使用登记证书注销手续。

前款规定报废条件以外的特种设备，达到设计使用年限可以继续使用的，应当按照安全技术规范的要求通过检验或者安全评估，并办理使用登记证书变更，方可继续使用。允许继续使用的，应当采取加强检验、检测和维护保养等措施，确保使用安全。

第四十九条　移动式压力容器、气瓶充装单位，应当具备下列条件，并经负责特种设备安全监督管理的部门许可，方可从事充装活动：

（一）有与充装和管理相适应的管理人员和技术人员。

（二）有与充装和管理相适应的充装设备、检测手段、场地厂房、器具、安全设施。

（三）有健全的充装管理制度、责任制度、处理措施。

充装单位应当建立充装前后的检查、记录制度，禁止对不符合安全技术规范要求的移动式压力容器和气瓶进行充装。

气瓶充装单位应当向气体使用者提供符合安全技术规范要求的气瓶，对气体使用者进行气瓶安全使用指导，并按照安全技术规范的要求办理气瓶使用登记，及时申报定期检验。

第三章　检验、检测

第五十条　从事本法规定的监督检验、定期检验的特种设备检验机构，以及为特种设备生产、经营、使用提供检测服务的特种设备检测机构，应当具备下列条件，并经负责特种设备安全监督管理的部门核准，方可从事检验、检测工作：

（一）有与检验、检测工作相适应的检验、检测人员。

（二）有与检验、检测工作相适应的检验、检测仪器和设备。

（三）有健全的检验、检测管理制度和责任制度。

第五十一条 特种设备检验、检测机构的检验、检测人员应当经考核，取得检验、检测人员资格，方可从事检验、检测工作。

特种设备检验、检测机构的检验、检测人员不得同时在两个以上检验、检测机构中执业；变更执业机构的，应当依法办理变更手续。

第五十二条 特种设备检验、检测工作应当遵守法律、行政法规的规定，并按照安全技术规范的要求进行。

特种设备检验、检测机构及其检验、检测人员应当依法为特种设备生产、经营、使用单位提供安全、可靠、便捷、诚信的检验、检测服务。

第五十三条 特种设备检验、检测机构及其检验、检测人员应当客观、公正、及时地出具检验、检测报告，并对检验、检测结果和鉴定结论负责。

特种设备检验、检测机构及其检验、检测人员在检验、检测中发现特种设备存在严重事故隐患时，应当及时告知相关单位，并立即向负责特种设备安全监督管理的部门报告。

负责特种设备安全监督管理的部门应当组织对特种设备检验、检测机构的检验、检测结果和鉴定结论进行监督抽查，但应当防止重复抽查。监督抽查结果应当向社会公布。

第五十四条 特种设备生产、经营、使用单位应当按照安全技术规范的要求向特种设备检验、检测机构及其检验、检测人员提供特种设备相关资料和必要的检验、检测条件，并对资料的真实性负责。

第五十五条 特种设备检验、检测机构及其检验、检测人员对检验、检测过程中知悉的商业秘密，负有保密义务。

特种设备检验、检测机构及其检验、检测人员不得从事有关特种设备的生产、经营活动，不得推荐或者监制、监销特种设备。

第五十六条 特种设备检验机构及其检验人员利用检验工作故意刁难特种设备生产、经营、使用单位的，特种设备生产、经营、使用单位有权向负责特种设备安全监督管理的部门投诉，接到投诉的部门应当及时进行调查处理。

第四章 监督管理

第五十七条 负责特种设备安全监督管理的部门依照本法规定，对特种设备生产、经营、使用单位和检验、检测机构实施监督检查。

负责特种设备安全监督管理的部门应当对学校、幼儿园以及医院、车站、客运码头、商场、体育场馆、展览馆、公园等公众聚集场所的特种设备，实施重点安全监督检查。

第五十八条 负责特种设备安全监督管理的部门实施本法规定的许可工作，应当依照本法和其他有关法律、行政法规规定的条件和程序以及安全技术规范的要求进行审查；不符合规定的，不得许可。

第五十九条 负责特种设备安全监督管理的部门在办理本法规定的许可时，其受理、审查、许可的程序必须公开，并应当自受理申请之日起三十日内，作出许可或者不予许可的决定；不予许可的，应当书面向申请人说明理由。

第六十条 负责特种设备安全监督管理的部门对依法办理使用登记的特种设备应当建立完整的监督管理档案和信息查询系统；对达到报废条件的特种设备，应当及时督促特种设备使用单位依法履行报废义务。

第六十一条 负责特种设备安全监督管理的部门在依法履行监督检查职责时，可以行使下列职权：

（一）进入现场进行检查，向特种设备生产、经营、使用单位和检验、检测机构的主要负责人和其他有关人员调查、了解有关情况。

（二）根据举报或者取得的涉嫌违法证据，查阅、复制特种设备生产、经营、使用单位和检验、检测机构的有关合同、发票、账簿以及其他有关资料。

（三）对有证据表明不符合安全技术规范要求或者存在严重事故隐患的特种设备实施查封、扣押。

（四）对流入市场的达到报废条件或者已经报废的特种设备实施查封、扣押。

（五）对违反本法规定的行为作出行政处罚决定。

第六十二条 负责特种设备安全监督管理的部门在依法履行职责过程中，发现违反本法规定和安全技术规范要求的行为或者特种设备存在事故隐患时，应当以书面形式发出特种设备安全监察指令，责令有关单位及时采取措施予以改正或者消除事故隐患。紧急情况下要求有关单位采取紧急处置措施的，应当随后补发特种设备安全监察指令。

第六十三条 负责特种设备安全监督管理的部门在依法履行职责过程中，发现重大违法行为或者特种设备存在严重事故隐患时，应当责令有关单位立即停止违法行为、采取措施消除事故隐患，并及时向上级负责特种设备安全监督管理的部门报告。接到报告的负责特种设备安全监督管理的部门应当采取必要措施，及时予以处理。

对违法行为、严重事故隐患的处理需要当地人民政府和有关部门的支持、配合时，负责特种设备安全监督管理的部门应当报告当地人民政府，并通知其他有关部门。当地人民政府和其他有关部门应当采取必要措施，及时予以处理。

第六十四条 地方各级人民政府负责特种设备安全监督管理的部门不得要求已经依照本法规定在其他地方取得许可的特种设备生产单位重复取得许可，不得要求对已经依照本法规定在其他地方检验合格的特种设备重复进行检验。

第六十五条 负责特种设备安全监督管理的部门的安全监察人员应当熟悉相关法律、法规，具有相应的专业知识和工作经验，取得特种设备安全行政执法证件。

特种设备安全监察人员应当忠于职守、坚持原则、秉公执法。

负责特种设备安全监督管理的部门实施安全监督检查时，应当有二名以上特种设备安全监察人员参加，并出示有效的特种设备安全行政执法证件。

第六十六条 负责特种设备安全监督管理的部门对特种设备生产、经营、使用单位和检验、检测机构实施监督检查，应当对每次监督检查的内容、发现的问题及处理情况做出记录，并由参加监督检查的特种设备安全监察人员和被检查单位的有关负责人签字后归档。被检查单位的有关负责人拒绝签字的，特种设备安全监察人员应当将情况记录在案。

第六十七条 负责特种设备安全监督管理的部门及其工作人员不得推荐或者监制、监销特种设备；对履行职责过程中知悉的商业秘密负有保密义务。

第六十八条 国务院负责特种设备安全监督管理的部门和省、自治区、直辖市人民政府负责特种设备安全监督管理的部门应当定期向社会公布特种设备安全总体状况。

第五章 事故应急救援与调查处理

第六十九条 国务院负责特种设备安全监督管理的部门应当依法组织制定特种设备重特大事故应急预案，报国务院批准后纳入国家突发事件应急预案体系。

县级以上地方各级人民政府及其负责特种设备安全监督管理的部门应当依法组织制定本行政区域内特种设备事故应急预案，建立或者纳入相应的应急处置与救援体系。

特种设备使用单位应当制定特种设备事故应急专项预案，并定期进行应急演练。

第七十条　特种设备发生事故后，事故发生单位应当按照应急预案采取措施，组织抢救，防止事故扩大，减少人员伤亡和财产损失，保护事故现场和有关证据，并及时向事故发生地县级以上人民政府负责特种设备安全监督管理的部门和有关部门报告。

县级以上人民政府负责特种设备安全监督管理的部门接到事故报告，应当尽快核实情况，立即向本级人民政府报告，并按照规定逐级上报。必要时，负责特种设备安全监督管理的部门可以越级上报事故情况。对特别重大事故、重大事故，国务院负责特种设备安全监督管理的部门应当立即报告国务院并通报国务院安全生产监督管理部门等有关部门。

与事故相关的单位和人员不得迟报、谎报或者瞒报事故情况，不得隐匿、毁灭有关证据或者故意破坏事故现场。

第七十一条　事故发生地人民政府接到事故报告，应当依法启动应急预案，采取应急处置措施，组织应急救援。

第七十二条　特种设备发生特别重大事故，由国务院或者国务院授权有关部门组织事故调查组进行调查。

发生重大事故，由国务院负责特种设备安全监督管理的部门会同有关部门组织事故调查组进行调查。

发生较大事故，由省、自治区、直辖市人民政府负责特种设备安全监督管理的部门会同有关部门组织事故调查组进行调查。

发生一般事故，由设区的市级人民政府负责特种设备安全监督管理的部门会同有关部门组织事故调查组进行调查。

事故调查组应当依法、独立、公正开展调查，提出事故调查报告。

第七十三条　组织事故调查的部门应当将事故调查报告报本级人民政府，并报上一级人民政府负责特种设备安全监督管理的部门备案。有关部门和单位应当依照法律、行政法规的规定，追究事故责任单位和人员的责任。

事故责任单位应当依法落实整改措施，预防同类事故发生。事故造成损害的，事故责任单位应当依法承担赔偿责任。

第六章 法律责任

第七十四条 违反本法规定，未经许可从事特种设备生产活动的，责令停止生产，没收违法制造的特种设备，处十万元以上五十万元以下罚款；有违法所得的，没收违法所得；已经实施安装、改造、修理的，责令恢复原状或者责令限期由取得许可的单位重新安装、改造、修理。

第七十五条 违反本法规定，特种设备的设计文件未经鉴定，擅自用于制造的，责令改正，没收违法制造的特种设备，处五万元以上五十万元以下罚款。

第七十六条 违反本法规定，未进行型式试验的，责令限期改正；逾期未改正的，处三万元以上三十万元以下罚款。

第七十七条 违反本法规定，特种设备出厂时，未按照安全技术规范的要求随附相关技术资料和文件的，责令限期改正；逾期未改正的，责令停止制造、销售，处二万元以上二十万元以下罚款；有违法所得的，没收违法所得。

第七十八条 违反本法规定，特种设备安装、改造、修理的施工单位在施工前未书面告知负责特种设备安全监督管理的部门即行施工的，或者在验收后三十日内未将相关技术资料和文件移交特种设备使用单位的，责令限期改正；逾期未改正的，处一万元以上十万元以下罚款。

第七十九条 违反本法规定，特种设备的制造、安装、改造、重大修理以及锅炉清洗过程，未经监督检验的，责令限期改正；逾期未改正的，处五万元以上二十万元以下罚款；有违法所得的，没收违法所得；情节严重的，吊销生产许可证。

第八十条 违反本法规定，电梯制造单位有下列情形之一的，责令限期改正；逾期未改正的，处一万元以上十万元以下罚款：

（一）未按照安全技术规范的要求对电梯进行校验、调试的。

（二）对电梯的安全运行情况进行跟踪调查和了解时，发现存在严重事故隐患，未及时告知电梯使用单位并向负责特种设备安全监督管理的部门报告的。

第八十一条 违反本法规定，特种设备生产单位有下列行为之一的，责令限期改正；逾期未改正的，责令停止生产，处五万元以上五十万元以下罚款；情节严重的，吊销生产许可证：

（一）不再具备生产条件、生产许可证已经过期或者超出许可范围生产的。

（二）明知特种设备存在同一性缺陷，未立即停止生产并召回的。

违反本法规定，特种设备生产单位生产、销售、交付国家明令淘汰的特种设备的，责令停止生产、销售，没收违法生产、销售、交付的特种设备，处三万元以上三十万元以下罚款；有违法所得的，没收违法所得。

特种设备生产单位涂改、倒卖、出租、出借生产许可证的，责令停止生产，处五万元以上五十万元以下罚款；情节严重的，吊销生产许可证。

第八十二条　违反本法规定，特种设备经营单位有下列行为之一的，责令停止经营，没收违法经营的特种设备，处三万元以上三十万元以下罚款；有违法所得的，没收违法所得：

（一）销售、出租未取得许可生产，未经检验或者检验不合格的特种设备的。

（二）销售、出租国家明令淘汰、已经报废的特种设备，或者未按照安全技术规范的要求进行维护保养的特种设备的。

违反本法规定，特种设备销售单位未建立检查验收和销售记录制度，或者进口特种设备未履行提前告知义务的，责令改正，处一万元以上十万元以下罚款。

特种设备生产单位销售、交付未经检验或者检验不合格的特种设备的，依照本条第一款规定处罚；情节严重的，吊销生产许可证。

第八十三条　违反本法规定，特种设备使用单位有下列行为之一的，责令限期改正；逾期未改正的，责令停止使用有关特种设备，处一万元以上十万元以下罚款：

（一）使用特种设备未按照规定办理使用登记的。

（二）未建立特种设备安全技术档案或者安全技术档案不符合规定要求，或者未依法设置使用登记标志、定期检验标志的。

（三）未对其使用的特种设备进行经常性维护保养和定期自行检查，或者未对其使用的特种设备的安全附件、安全保护装置进行定期校验、检修，并做出记录的。

（四）未按照安全技术规范的要求及时申报并接受检验的。

（五）未按照安全技术规范的要求进行锅炉水（介）质处理的。

（六）未制定特种设备事故应急专项预案的。

第八十四条　违反本法规定，特种设备使用单位有下列行为之一的，责令停止使用有关特种设备，处三万元以上三十万元以下罚款：

（一）使用未取得许可生产，未经检验或者检验不合格的特种设备，或者国家明令淘汰、已经报废的特种设备的。

（二）特种设备出现故障或者发生异常情况，未对其进行全面检查、消除事故隐患，继续使用的。

（三）特种设备存在严重事故隐患，无改造、修理价值，或者达到安全技术规范规定的其他报废条件，未依法履行报废义务，并办理使用登记证书注销手续的。

第八十五条　违反本法规定，移动式压力容器、气瓶充装单位有下列行为之一的，责令改正，处二万元以上二十万元以下罚款；情节严重的，吊销充装许可证：

（一）未按照规定实施充装前后的检查、记录制度的。

（二）对不符合安全技术规范要求的移动式压力容器和气瓶进行充装的。

违反本法规定，未经许可，擅自从事移动式压力容器或者气瓶充装活动的，予以取缔，没收违法充装的气瓶，处十万元以上五十万元以下罚款；有违法所得的，没收违法所得。

第八十六条　违反本法规定，特种设备生产、经营、使用单位有下列情形之一的，责令限期改正；逾期未改正的，责令停止使用有关特种设备或者停产停业整顿，处一万元以上五万元以下罚款：

（一）未配备具有相应资格的特种设备安全管理人员、检测人员和作业人员的。

（二）使用未取得相应资格的人员从事特种设备安全管理、检测和作业的。

（三）未对特种设备安全管理人员、检测人员和作业人员进行安全教育和技能培训的。

第八十七条　违反本法规定，电梯、客运索道、大型游乐设施的运营使用单位有下列情形之一的，责令限期改正；逾期未改正的，责令停止使用有关特种设备或者停产停业整顿，处二万元以上十万元以下罚款：

（一）未设置特种设备安全管理机构或者配备专职的特种设备安全管理人员的。

（二）客运索道、大型游乐设施每日投入使用前，未进行试运行和例行安全检查，未对安全附件和安全保护装置进行检查确认的。

（三）未将电梯、客运索道、大型游乐设施的安全使用说明、安全注意事项和警示标志置于易于为乘客注意的显著位置的。

第八十八条　违反本法规定，未经许可，擅自从事电梯维护保养的，责令停止违法行为，处一万元以上十万元以下罚款；有违法所得的，没收违法所得。

电梯的维护保养单位未按照本法规定以及安全技术规范的要求，进行电梯维护保养的，依照前款规定处罚。

第八十九条　发生特种设备事故，有下列情形之一的，对单位处五万元以上二十万元以下罚款；对主要负责人处一万元以上五万元以下罚款；主要负责人属于国家工作人员的，并依法给予处分：

（一）发生特种设备事故时，不立即组织抢救或者在事故调查处理期间擅离职守或者逃匿的。

（二）对特种设备事故迟报、谎报或者瞒报的。

第九十条　发生事故，对负有责任的单位除要求其依法承担相应的赔偿等责任外，依照下列规定处以罚款：

（一）发生一般事故，处十万元以上二十万元以下罚款。

（二）发生较大事故，处二十万元以上五十万元以下罚款。

（三）发生重大事故，处五十万元以上二百万元以下罚款。

第九十一条　对事故发生负有责任的单位的主要负责人未依法履行职责或者负有领导责任的，依照下列规定处以罚款；属于国家工作人员的，并依法给予处分：

（一）发生一般事故，处上一年年收入百分之三十的罚款。

（二）发生较大事故，处上一年年收入百分之四十的罚款。

（三）发生重大事故，处上一年年收入百分之六十的罚款。

第九十二条　违反本法规定，特种设备安全管理人员、检测人员和作业人员不履行岗位职责，违反操作规程和有关安全规章制度，造成事故的，吊销相关人员的资格。

第九十三条　违反本法规定，特种设备检验、检测机构及其检验、检测人员有下列行为之一的，责令改正，对机构处五万元以上二十万元以下罚款，对直接负责的主管人员和其他直接责任人员处五千元以上五万元以下罚款；情节严重的，吊销机构资质和有关人员的资格：

（一）未经核准或者超出核准范围、使用未取得相应资格的人员从事检验、检测的。

（二）未按照安全技术规范的要求进行检验、检测的。

（三）出具虚假的检验、检测结果和鉴定结论或者检验、检测结果和鉴定结论严重失实的。

（四）发现特种设备存在严重事故隐患，未及时告知相关单位，并立即向负责特种设备安全监督管理的部门报告的。

（五）泄露检验、检测过程中知悉的商业秘密的。

（六）从事有关特种设备的生产、经营活动的。

（七）推荐或者监制、监销特种设备的。

（八）利用检验工作故意刁难相关单位的。

违反本法规定，特种设备检验、检测机构的检验、检测人员同时在两个以上检验、检测机构中执业的，处五千元以上五万元以下罚款；情节严重的，吊销其资格。

第九十四条 违反本法规定，负责特种设备安全监督管理的部门及其工作人员有下列行为之一的，由上级机关责令改正；对直接负责的主管人员和其他直接责任人员，依法给予处分：

（一）未依照法律、行政法规规定的条件、程序实施许可的。

（二）发现未经许可擅自从事特种设备的生产、使用或者检验、检测活动不予取缔或者不依法予以处理的。

（三）发现特种设备生产单位不再具备本法规定的条件而不吊销其许可证，或者发现特种设备生产、经营、使用违法行为不予查处的。

（四）发现特种设备检验、检测机构不再具备本法规定的条件而不撤销其核准，或者对其出具虚假的检验、检测结果和鉴定结论或者检验、检测结果和鉴定结论严重失实的行为不予查处的。

（五）发现违反本法规定和安全技术规范要求的行为或者特种设备存在事故隐患，不立即处理的。

（六）发现重大违法行为或者特种设备存在严重事故隐患，未及时向上级负责特种设备安全监督管理的部门报告，或者接到报告的负责特种设备安全监督管理的部门不立即处理的。

（七）要求已经依照本法规定在其他地方取得许可的特种设备生产单位重复取得许可，或者要求对已经依照本法规定在其他地方检验合格的特种设备重复进行检验的。

（八）推荐或者监制、监销特种设备的。

（九）泄露履行职责过程中知悉的商业秘密的。

（十）接到特种设备事故报告未立即向本级人民政府报告，并按照规定上报的。

（十一）迟报、漏报、谎报或者瞒报事故的。

（十二）妨碍事故救援或者事故调查处理的。

（十三）其他滥用职权、玩忽职守、徇私舞弊的行为。

第九十五条　违反本法规定，特种设备生产、经营、使用单位或者检验、检测机构拒不接受负责特种设备安全监督管理的部门依法实施的监督检查的，责令限期改正；逾期未改正的，责令停产停业整顿，处二万元以上二十万元以下罚款。

特种设备生产、经营、使用单位擅自动用、调换、转移、损毁被查封、扣押的特种设备或者其主要部件的，责令改正，处五万元以上二十万元以下罚款；情节严重的，吊销生产许可证，注销特种设备使用登记证书。

第九十六条　违反本法规定，被依法吊销许可证的，自吊销许可证之日起三年内，负责特种设备安全监督管理的部门不予受理其新的许可申请。

第九十七条　违反本法规定，造成人身、财产损害的，依法承担民事责任。

违反本法规定，应当承担民事赔偿责任和缴纳罚款、罚金，其财产不足以同时支付时，先承担民事赔偿责任。

第九十八条　违反本法规定，构成违反治安管理行为的，依法给予治安管理处罚；构成犯罪的，依法追究刑事责任。

第七章　附则

第九十九条　特种设备行政许可、检验的收费，依照法律、行政法规的规定执行。

第一百条　军事装备、核设施、航空航天器使用的特种设备安全的监督管理不适用本法。

铁路机车、海上设施和船舶、矿山井下使用的特种设备以及民用机场专用设备安全的监督管理，房屋建筑工地、市政工程工地用起重机械和场（厂）内专用机动车辆的安装、使用的监督管理，由有关部门依照本法和其他有关法律的规定实施。

第一百零一条　本法自 2014 年 1 月 1 日起施行。

附录C　建设工程安全生产管理条例

（国务院令 393 号）

第一章　总则

第一条　为了加强建设工程安全生产监督管理，保障人民群众生命和财产安全，根据《中华人民共和国建筑法》《中华人民共和国安全生产法》，制定本条例。

第二条　在中华人民共和国境内从事建设工程的新建、扩建、改建和拆除等有关活动及实施对建设工程安全生产的监督管理，必须遵守本条例。

本条例所称建设工程，是指土木工程、建筑工程、线路管道和设备安装工程及装修工程。

第三条　建设工程安全生产管理，坚持安全第一、预防为主的方针。

第四条　建设单位、勘察单位、设计单位、施工单位、工程监理单位及其他与建设工程安全生产有关的单位，必须遵守安全生产法律、法规的规定，保证建设工程安全生产，依法承担建设工程安全生产责任。

第五条　国家鼓励建设工程安全生产的科学技术研究和先进技术的推广应用，推进建设工程安全生产的科学管理。

第二章　建设单位的安全责任

第六条　建设单位应当向施工单位提供施工现场及毗邻区域内供水、排水、供电、供气、供热、通信、广播电视等地下管线资料，气象和水文观测资料，相邻建筑物和构筑物、地下工程的有关资料，并保证资料的真实、准确、完整。

建设单位因建设工程需要，向有关部门或者单位查询前款规定的资料时，有关部门或者单位应当及时提供。

第七条　建设单位不得对勘察、设计、施工、工程监理等单位提出不符合建设工程安全生产法律、法规和强制性标准规定的要求，不得压缩合同约定的工期。

第八条　建设单位在编制工程概算时，应当确定建设工程安全作业环境及安全施工措施所需费用。

第九条　建设单位不得明示或者暗示施工单位购买、租赁、使用不符合安全施工要求的安全防护用具、机械设备、施工机具及配件、消防设施和器材。

第十条　建设单位在申请领取施工许可证时，应当提供建设工程有关安全施工措施的资料。

依法批准开工报告的建设工程，建设单位应当自开工报告批准之日起 15 日内，将保证安全施工的措施报送建设工程所在地的县级以上地方人民政府建设行政主管部门或者其他有关部门备案。

第十一条　建设单位应当将拆除工程发包给具有相应资质等级的施工单位。

建设单位应当在拆除工程施工 15 日前，将下列资料报送建设工程所在地的县级以上地方人民政府建设行政主管部门或者其他有关部门备案：

（一）施工单位资质等级证明。

（二）拟拆除建筑物、构筑物及可能危及毗邻建筑的说明。

（三）拆除施工组织方案。

（四）堆放、清除废弃物的措施。

实施爆破作业的，应当遵守国家有关民用爆炸物品管理的规定。

第三章　勘察、设计、工程监理及其他有关单位的安全责任

第十二条　勘察单位应当按照法律、法规和工程建设强制性标准进行勘察，提供的勘察文件应当真实、准确，满足建设工程安全生产的需要。

勘察单位在勘察作业时，应当严格执行操作规程，采取措施保证各类管线、设施和周边建筑物、构筑物的安全。

第十三条　设计单位应当按照法律、法规和工程建设强制性标准进行设计，防止因设计不合理导致生产安全事故的发生。

设计单位应当考虑施工安全操作和防护的需要，对涉及施工安全的重点部位

和环节在设计文件中注明，并对防范生产安全事故提出指导意见。

采用新结构、新材料、新工艺的建设工程和特殊结构的建设工程，设计单位应当在设计中提出保障施工作业人员安全和预防生产安全事故的措施建议。

设计单位和注册建筑师等注册执业人员应当对其设计负责。

第十四条 工程监理单位应当审查施工组织设计中的安全技术措施或者专项施工方案是否符合工程建设强制性标准。

工程监理单位在实施监理过程中，发现存在安全事故隐患的，应当要求施工单位整改；情况严重的，应当要求施工单位暂时停止施工，并及时报告建设单位。施工单位拒不整改或者不停止施工的，工程监理单位应当及时向有关主管部门报告。

工程监理单位和监理工程师应当按照法律、法规和工程建设强制性标准实施监理，并对建设工程安全生产承担监理责任。

第十五条 为建设工程提供机械设备和配件的单位，应当按照安全施工的要求配备齐全有效的保险、限位等安全设施和装置。

第十六条 出租的机械设备和施工机具及配件，应当具有生产（制造）许可证、产品合格证。

出租单位应当对出租的机械设备和施工机具及配件的安全性能进行检测，在签订租赁协议时，应当出具检测合格证明。

禁止出租检测不合格的机械设备和施工机具及配件。

第十七条 在施工现场安装、拆卸施工起重机械和整体提升脚手架、模板等自升式架设设施，必须由具有相应资质的单位承担。

安装、拆卸施工起重机械和整体提升脚手架、模板等自升式架设设施，应当编制拆装方案、制定安全施工措施，并由专业技术人员现场监督。

施工起重机械和整体提升脚手架、模板等自升式架设设施安装完毕后，安装单位应当自检，出具自检合格证明，并向施工单位进行安全使用说明，办理验收手续并签字。

第十八条 施工起重机械和整体提升脚手架、模板等自升式架设设施的使用达到国家规定的检验检测期限的，必须经具有专业资质的检验检测机构检测。经检测不合格的，不得继续使用。

第十九条 检验检测机构对检测合格的施工起重机械和整体提升脚手架、模板等自升式架设设施，应当出具安全合格证明文件，并对检测结果负责。

第四章 施工单位的安全责任

第二十条 施工单位从事建设工程的新建、扩建、改建和拆除等活动，应当具备国家规定的注册资本、专业技术人员、技术装备和安全生产等条件，依法取得相应等级的资质证书，并在其资质等级许可的范围内承揽工程。

第二十一条 施工单位主要负责人依法对本单位的安全生产工作全面负责。施工单位应当建立健全安全生产责任制度和安全生产教育培训制度，制定安全生产规章制度和操作规程，保证本单位安全生产条件所需资金的投入，对所承担的建设工程进行定期和专项安全检查，并做好安全检查记录。

施工单位的项目负责人应当由取得相应执业资格的人员担任，对建设工程项目的安全施工负责，落实安全生产责任制度、安全生产规章制度和操作规程，确保安全生产费用的有效使用，并根据工程的特点组织制定安全施工措施，消除安全事故隐患，及时、如实报告生产安全事故。

第二十二条 施工单位对列入建设工程概算的安全作业环境及安全施工措施所需费用，应当用于施工安全防护用具及设施的采购和更新、安全施工措施的落实、安全生产条件的改善，不得挪作他用。

第二十三条 施工单位应当设立安全生产管理机构，配备专职安全生产管理人员。

专职安全生产管理人员负责对安全生产进行现场监督检查。发现安全事故隐患，应当及时向项目负责人和安全生产管理机构报告；对违章指挥、违章操作的，应当立即制止。

专职安全生产管理人员的配备办法由国务院建设行政主管部门会同国务院其他有关部门制定。

第二十四条 建设工程实行施工总承包的，由总承包单位对施工现场的安全生产负总责。

总承包单位应当自行完成建设工程主体结构的施工。

总承包单位依法将建设工程分包给其他单位的，分包合同中应当明确各自的安全生产方面的权利、义务。总承包单位和分包单位对分包工程的安全生产承担连带责任。

分包单位应当服从总承包单位的安全生产管理，分包单位不服从管理导致生产安全事故的，由分包单位承担主要责任。

第二十五条 垂直运输机械作业人员、安装拆卸工、爆破作业人员、起重信号工、登高架设作业人员等特种作业人员，必须按照国家有关规定经过专门的安全作业培训，并取得特种作业操作资格证书后，方可上岗作业。

第二十六条 施工单位应当在施工组织设计中编制安全技术措施和施工现场临时用电方案，对下列达到一定规模的危险性较大的分部分项工程编制专项施工方案，并附具安全验算结果，经施工单位技术负责人、总监理工程师签字后实施，由专职安全生产管理人员进行现场监督：

（一）基坑支护与降水工程。

（二）土方开挖工程。

（三）模板工程。

（四）起重吊装工程。

（五）脚手架工程。

（六）拆除、爆破工程。

（七）国务院建设行政主管部门或者其他有关部门规定的其他危险性较大的工程。

对前款所列工程中涉及深基坑、地下暗挖工程、高大模板工程的专项施工方案，施工单位还应当组织专家进行论证、审查。

本条第一款规定的达到一定规模的危险性较大工程的标准，由国务院建设行政主管部门会同国务院其他有关部门制定。

第二十七条 建设工程施工前，施工单位负责项目管理的技术人员应当对有关安全施工的技术要求向施工作业班组、作业人员作出详细说明，并由双方签字确认。

第二十八条 施工单位应当在施工现场入口处、施工起重机械、临时用电设施、脚手架、出入通道口、楼梯口、电梯井口、孔洞口、桥梁口、隧道口、基坑边沿、爆破物及有害危险气体和液体存放处等危险部位，设置明显的安全警示标志。安全警示标志必须符合国家标准。

施工单位应当根据不同施工阶段和周围环境及季节、气候的变化，在施工现场采取相应的安全施工措施。施工现场暂时停止施工的，施工单位应当做好现场防护，所需费用由责任方承担，或者按照合同约定执行。

第二十九条 施工单位应当将施工现场的办公、生活区与作业区分开设置，并保持安全距离；办公、生活区的选址应当符合安全性要求。职工的膳食、饮水、休息场所等应当符合卫生标准。施工单位不得在尚未竣工的建筑物内设置员工集体宿舍。

施工现场临时搭建的建筑物应当符合安全使用要求。施工现场使用的装配式活动房屋应当具有产品合格证。

第三十条 施工单位对因建设工程施工可能造成损害的毗邻建筑物、构筑物和地下管线等，应当采取专项防护措施。

施工单位应当遵守有关环境保护法律、法规的规定，在施工现场采取措施，防止或者减少粉尘、废气、废水、固体废物、噪声、振动和施工照明对人和环境的危害和污染。

在城市市区内的建设工程，施工单位应当对施工现场实行封闭围挡。

第三十一条 施工单位应当在施工现场建立消防安全责任制度，确定消防安全责任人，制定用火、用电、使用易燃易爆材料等各项消防安全管理制度和操作规程，设置消防通道、消防水源，配备消防设施和灭火器材，并在施工现场入口处设置明显标志。

第三十二条 施工单位应当向作业人员提供安全防护用具和安全防护服装，并书面告知危险岗位的操作规程和违章操作的危害。

作业人员有权对施工现场的作业条件、作业程序和作业方式中存在的安全问题提出批评、检举和控告，有权拒绝违章指挥和强令冒险作业。

在施工中发生危及人身安全的紧急情况时，作业人员有权立即停止作业或者在采取必要的应急措施后撤离危险区域。

第三十三条 作业人员应当遵守安全施工的强制性标准、规章制度和操作规程，正确使用安全防护用具、机械设备等。

第三十四条 施工单位采购、租赁的安全防护用具、机械设备、施工机具及配件，应当具有生产（制造）许可证、产品合格证，并在进入施工现场前进行查验。

施工现场的安全防护用具、机械设备、施工机具及配件必须由专人管理，定期进行检查、维修和保养，建立相应的资料档案，并按照国家有关规定及时报废。

第三十五条 施工单位在使用施工起重机械和整体提升脚手架、模板等自升式架设设施前，应当组织有关单位进行验收，也可以委托具有相应资质的检验检测机构进行验收；使用承租的机械设备和施工机具及配件的，由施工总承包单位、分包单位、出租单位和安装单位共同进行验收。验收合格的方可使用。

《特种设备安全监察条例》规定的施工起重机械，在验收前应当经有相应资质的检验检测机构监督检验合格。

施工单位应当自施工起重机械和整体提升脚手架、模板等自升式架设设施验收合格之日起30日内，向建设行政主管部门或者其他有关部门登记。登记标志应当置于或者附着于该设备的显著位置。

第三十六条 施工单位的主要负责人、项目负责人、专职安全生产管理人员应当经建设行政主管部门或者其他有关部门考核合格后方可任职。

施工单位应当对管理人员和作业人员每年至少进行一次安全生产教育培训，其教育培训情况记入个人工作档案。安全生产教育培训考核不合格的人员，不得上岗。

第三十七条 作业人员进入新的岗位或者新的施工现场前，应当接受安全生产教育培训。未经教育培训或者教育培训考核不合格的人员，不得上岗作业。

施工单位在采用新技术、新工艺、新设备、新材料时，应当对作业人员进行相应的安全生产教育培训。

第三十八条 施工单位应当为施工现场从事危险作业的人员办理意外伤害保险。

意外伤害保险费由施工单位支付。实行施工总承包的，由总承包单位支付意外伤害保险费。意外伤害保险期限自建设工程开工之日起至竣工验收合格止。

第五章 监督管理

第三十九条 国务院负责安全生产监督管理的部门依照《中华人民共和国安全生产法》的规定，对全国建设工程安全生产工作实施综合监督管理。

县级以上地方人民政府负责安全生产监督管理的部门依照《中华人民共和国安全生产法》的规定，对本行政区域内建设工程安全生产工作实施综合监督管理。

第四十条 国务院建设行政主管部门对全国的建设工程安全生产实施监督管理。国务院铁路、交通、水利等有关部门按照国务院规定的职责分工，负责有关专业建设工程安全生产的监督管理。

县级以上地方人民政府建设行政主管部门对本行政区域内的建设工程安全生产实施监督管理。县级以上地方人民政府交通、水利等有关部门在各自的职责范围内，负责本行政区域内的专业建设工程安全生产的监督管理。

第四十一条 建设行政主管部门和其他有关部门应当将本条例第十条、第十一条规定的有关资料的主要内容抄送同级负责安全生产监督管理的部门。

第四十二条　建设行政主管部门在审核发放施工许可证时，应当对建设工程是否有安全施工措施进行审查，对没有安全施工措施的，不得颁发施工许可证。

建设行政主管部门或者其他有关部门对建设工程是否有安全施工措施进行审查时，不得收取费用。

第四十三条　县级以上人民政府负有建设工程安全生产监督管理职责的部门在各自的职责范围内履行安全监督检查职责时，有权采取下列措施：

（一）要求被检查单位提供有关建设工程安全生产的文件和资料。

（二）进入被检查单位施工现场进行检查。

（三）纠正施工中违反安全生产要求的行为。

（四）对检查中发现的安全事故隐患，责令立即排除；重大安全事故隐患排除前或者排除过程中无法保证安全的，责令从危险区域内撤出作业人员或者暂时停止施工。

第四十四条　建设行政主管部门或者其他有关部门可以将施工现场的监督检查委托给建设工程安全监督机构具体实施。

第四十五条　国家对严重危及施工安全的工艺、设备、材料实行淘汰制度。具体目录由国务院建设行政主管部门会同国务院其他有关部门制定并公布。

第四十六条　县级以上人民政府建设行政主管部门和其他有关部门应当及时受理对建设工程生产安全事故及安全事故隐患的检举、控告和投诉。

第六章　生产安全事故的应急救援和调查处理

第四十七条　县级以上地方人民政府建设行政主管部门应当根据本级人民政府的要求，制定本行政区域内建设工程特大生产安全事故应急救援预案。

第四十八条　施工单位应当制定本单位生产安全事故应急救援预案，建立应急救援组织或者配备应急救援人员，配备必要的应急救援器材、设备，并定期组织演练。

第四十九条　施工单位应当根据建设工程施工的特点、范围，对施工现场易发生重大事故的部位、环节进行监控，制定施工现场生产安全事故应急救援预案。实行施工总承包的，由总承包单位统一组织编制建设工程生产安全事故应急救援预案，工程总承包单位和分包单位按照应急救援预案，各自建立应急救援组织或者配备应急救援人员，配备救援器材、设备，并定期组织演练。

第五十条 施工单位发生生产安全事故，应当按照国家有关伤亡事故报告和调查处理的规定，及时、如实地向负责安全生产监督管理的部门、建设行政主管部门或者其他有关部门报告；特种设备发生事故的，还应当同时向特种设备安全监督管理部门报告。接到报告的部门应当按照国家有关规定，如实上报。

实行施工总承包的建设工程，由总承包单位负责上报事故。

第五十一条 发生生产安全事故后，施工单位应当采取措施防止事故扩大，保护事故现场。需要移动现场物品时，应当做出标记和书面记录，妥善保管有关证物。

第五十二条 建设工程生产安全事故的调查、对事故责任单位和责任人的处罚与处理，按照有关法律、法规的规定执行。

第七章 法律责任

第五十三条 违反本条例的规定，县级以上人民政府建设行政主管部门或者其他有关行政管理部门的工作人员，有下列行为之一的，给予降级或者撤职的行政处分；构成犯罪的，依照刑法有关规定追究刑事责任：

（一）对不具备安全生产条件的施工单位颁发资质证书的。

（二）对没有安全施工措施的建设工程颁发施工许可证的。

（三）发现违法行为不予查处的。

（四）不依法履行监督管理职责的其他行为。

第五十四条 违反本条例的规定，建设单位未提供建设工程安全生产作业环境及安全施工措施所需费用的，责令限期改正；逾期未改正的，责令该建设工程停止施工。

建设单位未将保证安全施工的措施或者拆除工程的有关资料报送有关部门备案的，责令限期改正，给予警告。

第五十五条 违反本条例的规定，建设单位有下列行为之一的，责令限期改正，处20万元以上50万元以下的罚款；造成重大安全事故，构成犯罪的，对直接责任人员，依照刑法有关规定追究刑事责任；造成损失的，依法承担赔偿责任：

（一）对勘察、设计、施工、工程监理等单位提出不符合安全生产法律、法规和强制性标准规定的要求的。

（二）要求施工单位压缩合同约定的工期的。

（三）将拆除工程发包给不具有相应资质等级的施工单位的。

第五十六条 违反本条例的规定，勘察单位、设计单位有下列行为之一的，责令限期改正，处10万元以上30万元以下的罚款；情节严重的，责令停业整顿，降低资质等级，直至吊销资质证书；造成重大安全事故，构成犯罪的，对直接责任人员，依照刑法有关规定追究刑事责任；造成损失的，依法承担赔偿责任：

（一）未按照法律、法规和工程建设强制性标准进行勘察、设计的。

（二）采用新结构、新材料、新工艺的建设工程和特殊结构的建设工程，设计单位未在设计中提出保障施工作业人员安全和预防生产安全事故的措施建议的。

第五十七条 违反本条例的规定，工程监理单位有下列行为之一的，责令限期改正；逾期未改正的，责令停业整顿，并处10万元以上30万元以下的罚款；情节严重的，降低资质等级，直至吊销资质证书；造成重大安全事故，构成犯罪的，对直接责任人员，依照刑法有关规定追究刑事责任；造成损失的，依法承担赔偿责任：

（一）未对施工组织设计中的安全技术措施或者专项施工方案进行审查的。

（二）发现安全事故隐患未及时要求施工单位整改或者暂时停止施工的。

（三）施工单位拒不整改或者不停止施工，未及时向有关主管部门报告的。

（四）未依照法律、法规和工程建设强制性标准实施监理的。

第五十八条 注册执业人员未执行法律、法规和工程建设强制性标准的，责令停止执业3个月以上1年以下；情节严重的，吊销执业资格证书，5年内不予注册；造成重大安全事故的，终身不予注册；构成犯罪的，依照刑法有关规定追究刑事责任。

第五十九条 违反本条例的规定，为建设工程提供机械设备和配件的单位，未按照安全施工的要求配备齐全有效的保险、限位等安全设施和装置的，责令限期改正，处合同价款1倍以上3倍以下的罚款；造成损失的，依法承担赔偿责任。

第六十条 违反本条例的规定，出租单位出租未经安全性能检测或者经检测不合格的机械设备和施工机具及配件的，责令停业整顿，并处5万元以上10万元以下的罚款；造成损失的，依法承担赔偿责任。

第六十一条 违反本条例的规定，施工起重机械和整体提升脚手架、模板等自升式架设设施安装、拆卸单位有下列行为之一的，责令限期改正，处5万元以上10万元以下的罚款；情节严重的，责令停业整顿，降低资质等级，直至吊销资质证书；造成损失的，依法承担赔偿责任：

（一）未编制拆装方案、制定安全施工措施的。

（二）未由专业技术人员现场监督的。

（三）未出具自检合格证明或者出具虚假证明的。

（四）未向施工单位进行安全使用说明，办理移交手续的。

施工起重机械和整体提升脚手架、模板等自升式架设设施安装、拆卸单位有前款规定的第（一）项、第（三）项行为，经有关部门或者单位职工提出后，对事故隐患仍不采取措施，因而发生重大伤亡事故或者造成其他严重后果，构成犯罪的，对直接责任人员，依照刑法有关规定追究刑事责任。

第六十二条 违反本条例的规定，施工单位有下列行为之一的，责令限期改正；逾期未改正的，责令停业整顿，依照《中华人民共和国安全生产法》的有关规定处以罚款；造成重大安全事故，构成犯罪的，对直接责任人员，依照刑法有关规定追究刑事责任：

（一）未设立安全生产管理机构、配备专职安全生产管理人员或者分部分项工程施工时无专职安全生产管理人员现场监督的。

（二）施工单位的主要负责人、项目负责人、专职安全生产管理人员、作业人员或者特种作业人员，未经安全教育培训或者经考核不合格即从事相关工作的。

（三）未在施工现场的危险部位设置明显的安全警示标志，或者未按照国家有关规定在施工现场设置消防通道、消防水源、配备消防设施和灭火器材的。

（四）未向作业人员提供安全防护用具和安全防护服装的。

（五）未按照规定在施工起重机械和整体提升脚手架、模板等自升式架设设施验收合格后登记的。

（六）使用国家明令淘汰、禁止使用的危及施工安全的工艺、设备、材料的。

第六十三条 违反本条例的规定，施工单位挪用列入建设工程概算的安全生产作业环境及安全施工措施所需费用的，责令限期改正，处挪用费用20%以上50%以下的罚款；造成损失的，依法承担赔偿责任。

第六十四条 违反本条例的规定，施工单位有下列行为之一的，责令限期改正；逾期未改正的，责令停业整顿，并处5万元以上10万元以下的罚款；造成重大安全事故，构成犯罪的，对直接责任人员，依照刑法有关规定追究刑事责任：

（一）施工前未对有关安全施工的技术要求作出详细说明的。

（二）未根据不同施工阶段和周围环境及季节、气候的变化，在施工现场采取相应的安全施工措施，或者在城市市区内的建设工程的施工现场未实行封闭围挡的。

（三）在尚未竣工的建筑物内设置员工集体宿舍的。

（四）施工现场临时搭建的建筑物不符合安全使用要求的。

（五）未对因建设工程施工可能造成损害的毗邻建筑物、构筑物和地下管线等采取专项防护措施的。

施工单位有前款规定第（四）项、第（五）项行为，造成损失的，依法承担赔偿责任。

第六十五条　违反本条例的规定，施工单位有下列行为之一的，责令限期改正；逾期未改正的，责令停业整顿，并处10万元以上30万元以下的罚款；情节严重的，降低资质等级，直至吊销资质证书；造成重大安全事故，构成犯罪的，对直接责任人员，依照刑法有关规定追究刑事责任；造成损失的，依法承担赔偿责任：

（一）安全防护用具、机械设备、施工机具及配件在进入施工现场前未经查验或者查验不合格即投入使用的。

（二）使用未经验收或者验收不合格的施工起重机械和整体提升脚手架、模板等自升式架设设施的。

（三）委托不具有相应资质的单位承担施工现场安装、拆卸施工起重机械和整体提升脚手架、模板等自升式架设设施的。

（四）在施工组织设计中未编制安全技术措施、施工现场临时用电方案或者专项施工方案的。

第六十六条　违反本条例的规定，施工单位的主要负责人、项目负责人未履行安全生产管理职责的，责令限期改正；逾期未改正的，责令施工单位停业整顿；造成重大安全事故、重大伤亡事故或者其他严重后果，构成犯罪的，依照刑法有关规定追究刑事责任。

作业人员不服管理、违反规章制度和操作规程冒险作业造成重大伤亡事故或者其他严重后果，构成犯罪的，依照刑法有关规定追究刑事责任。

施工单位的主要负责人、项目负责人有前款违法行为，尚不够刑事处罚的，处2万元以上20万元以下的罚款或者按照管理权限给予撤职处分；自刑罚执行完毕或者受处分之日起，5年内不得担任任何施工单位的主要负责人、项目负责人。

第六十七条 施工单位取得资质证书后，降低安全生产条件的，责令限期改正；经整改仍未达到与其资质等级相适应的安全生产条件的，责令停业整顿，降低其资质等级直至吊销资质证书。

第六十八条 本条例规定的行政处罚，由建设行政主管部门或者其他有关部门依照法定职权决定。

违反消防安全管理规定的行为，由公安消防机构依法处罚。

有关法律、行政法规对建设工程安全生产违法行为的行政处罚决定机关另有规定的，从其规定。

第八章 附则

第六十九条 抢险救灾和农民自建低层住宅的安全生产管理，不适用本条例。

第七十条 军事建设工程的安全生产管理，按照中央军事委员会的有关规定执行。

第七十一条 本条例自 2004 年 2 月 1 日起施行。

附录 D　生产安全事故报告和调查处理条例

2007 年 3 月 28 日国务院第 172 次常务会议通过，国务院令第 493 号公布，自 2007 年 6 月 1 日起施行。

第一章　总则

第一条　为了规范生产安全事故的报告和调查处理，落实生产安全事故责任追究制度，防止和减少生产安全事故，根据《中华人民共和国安全生产法》和有关法律，制定本条例。

第二条　生产经营活动中发生的造成人身伤亡或者直接经济损失的生产安全事故的报告和调查处理，适用本条例；环境污染事故、核设施事故、国防科研生产事故的报告和调查处理不适用本条例。

第三条　根据生产安全事故（以下简称事故）造成的人员伤亡或者直接经济损失，事故一般分为以下等级：

（一）特别重大事故，是指造成 30 人以上死亡，或者 100 人以上重伤（包括急性工业中毒，下同），或者 1 亿元以上直接经济损失的事故。

（二）重大事故，是指造成 10 人以上 30 人以下死亡，或者 50 人以上 100 人以下重伤，或者 5000 万元以上 1 亿元以下直接经济损失的事故。

（三）较大事故，是指造成 3 人以上 10 人以下死亡，或者 10 人以上 50 人以下重伤，或者 1000 万元以上 5000 万元以下直接经济损失的事故。

（四）一般事故，是指造成 3 人以下死亡，或者 10 人以下重伤，或者 1000 万元以下直接经济损失的事故。

国务院安全生产监督管理部门可以会同国务院有关部门，制定事故等级划分的补充性规定。

本条第一款所称的“以上”包括本数，所称的“以下”不包括本数。

第四条　事故报告应当及时、准确、完整，任何单位和个人对事故不得迟报、漏报、谎报或者瞒报。

事故调查处理应当坚持实事求是、尊重科学的原则，及时、准确地查清事故经过、事故原因和事故损失，查明事故性质，认定事故责任，总结事故教训，提出整改措施，并对事故责任者依法追究责任。

第五条 县级以上人民政府应当依照本条例的规定，严格履行职责，及时、准确地完成事故调查处理工作。

事故发生地有关地方人民政府应当支持、配合上级人民政府或者有关部门的事故调查处理工作，并提供必要的便利条件。

参加事故调查处理的部门和单位应当互相配合，提高事故调查处理工作的效率。

第六条 工会依法参加事故调查处理，有权向有关部门提出处理意见。

第七条 任何单位和个人不得阻挠和干涉对事故的报告和依法调查处理。

第八条 对事故报告和调查处理中的违法行为，任何单位和个人有权向安全生产监督管理部门、监察机关或者其他有关部门举报，接到举报的部门应当依法及时处理。

第二章 事故报告

第九条 事故发生后，事故现场有关人员应当立即向本单位负责人报告；单位负责人接到报告后，应当于 1 小时内向事故发生地县级以上人民政府安全生产监督管理部门和负有安全生产监督管理职责的有关部门报告。

情况紧急时，事故现场有关人员可以直接向事故发生地县级以上人民政府安全生产监督管理部门和负有安全生产监督管理职责的有关部门报告。

第十条 安全生产监督管理部门和负有安全生产监督管理职责的有关部门接到事故报告后，应当依照下列规定上报事故情况，并通知公安机关、劳动保障行政部门、工会和人民检察院：

（一）特别重大事故、重大事故逐级上报至国务院安全生产监督管理部门和负有安全生产监督管理职责的有关部门。

（二）较大事故逐级上报至省、自治区、直辖市人民政府安全生产监督管理部门和负有安全生产监督管理职责的有关部门。

（三）一般事故上报至设区的市级人民政府安全生产监督管理部门和负有安全生产监督管理职责的有关部门。

安全生产监督管理部门和负有安全生产监督管理职责的有关部门依照前款规定上报事故情况，应当同时报告本级人民政府。国务院安全生产监督管理部门和负有安全生产监督管理职责的有关部门以及省级人民政府接到发生特别重大事故、重大事故的报告后，应当立即报告国务院。

必要时，安全生产监督管理部门和负有安全生产监督管理职责的有关部门可以越级上报事故情况。

第十一条　安全生产监督管理部门和负有安全生产监督管理职责的有关部门逐级上报事故情况，每级上报的时间不得超过 2 小时。

第十二条　报告事故应当包括下列内容：

（一）事故发生单位概况。

（二）事故发生的时间、地点以及事故现场情况。

（三）事故的简要经过。

（四）事故已经造成或者可能造成的伤亡人数（包括下落不明的人数）和初步估计的直接经济损失。

（五）已经采取的措施。

（六）其他应当报告的情况。

第十三条　事故报告后出现新情况的，应当及时补报。

自事故发生之日起 30 日内，事故造成的伤亡人数发生变化的，应当及时补报。道路交通事故、火灾事故自发生之日起 7 日内，事故造成的伤亡人数发生变化的，应当及时补报。

第十四条　事故发生单位负责人接到事故报告后，应当立即启动事故相应应急预案，或者采取有效措施，组织抢救，防止事故扩大，减少人员伤亡和财产损失。

第十五条　事故发生地有关地方人民政府、安全生产监督管理部门和负有安全生产监督管理职责的有关部门接到事故报告后，其负责人应当立即赶赴事故现场，组织事故救援。

第十六条　事故发生后，有关单位和人员应当妥善保护事故现场以及相关证据，任何单位和个人不得破坏事故现场、毁灭相关证据。

因抢救人员、防止事故扩大以及疏通交通等原因，需要移动事故现场物件的，应当做出标志，绘制现场简图并做出书面记录，妥善保存现场重要痕迹、物证。

第十七条　事故发生地公安机关根据事故的情况，对涉嫌犯罪的，应当依法立案侦查，采取强制措施和侦查措施。犯罪嫌疑人逃匿的，公安机关应当迅速追捕归案。

第十八条 安全生产监督管理部门和负有安全生产监督管理职责的有关部门应当建立值班制度，并向社会公布值班电话，受理事故报告和举报。

第三章 事故调查

第十九条 特别重大事故由国务院或者国务院授权有关部门组织事故调查组进行调查。

重大事故、较大事故、一般事故分别由事故发生地省级人民政府、设区的市级人民政府、县级人民政府负责调查。省级人民政府、设区的市级人民政府、县级人民政府可以直接组织事故调查组进行调查，也可以授权或者委托有关部门组织事故调查组进行调查。

未造成人员伤亡的一般事故，县级人民政府也可以委托事故发生单位组织事故调查组进行调查。

第二十条 上级人民政府认为必要时，可以调查由下级人民政府负责调查的事故。

自事故发生之日起30日内（道路交通事故、火灾事故自发生之日起7日内），因事故伤亡人数变化导致事故等级发生变化，依照本条例规定应当由上级人民政府负责调查的，上级人民政府可以另行组织事故调查组进行调查。

第二十一条 特别重大事故以下等级事故，事故发生地与事故发生单位不在同一个县级以上行政区域的，由事故发生地人民政府负责调查，事故发生单位所在地人民政府应当派人参加。

第二十二条 事故调查组的组成应当遵循精简、效能的原则。

根据事故的具体情况，事故调查组由有关人民政府、安全生产监督管理部门、负有安全生产监督管理职责的有关部门、监察机关、公安机关以及工会派人组成，并应当邀请人民检察院派人参加。

事故调查组可以聘请有关专家参与调查。

第二十三条 事故调查组成员应当具有事故调查所需要的知识和专长，并与所调查的事故没有直接利害关系。

第二十四条 事故调查组组长由负责事故调查的人民政府指定。事故调查组组长主持事故调查组的工作。

第二十五条　事故调查组履行下列职责：

（一）查明事故发生的经过、原因、人员伤亡情况及直接经济损失。

（二）认定事故的性质和事故责任。

（三）提出对事故责任者的处理建议。

（四）总结事故教训，提出防范和整改措施。

（五）提交事故调查报告。

第二十六条　事故调查组有权向有关单位和个人了解与事故有关的情况，并要求其提供相关文件、资料，有关单位和个人不得拒绝。

事故发生单位的负责人和有关人员在事故调查期间不得擅离职守，并应当随时接受事故调查组的询问，如实提供有关情况。

事故调查中发现涉嫌犯罪的，事故调查组应当及时将有关材料或者其复印件移交司法机关处理。

第二十七条　事故调查中需要进行技术鉴定的，事故调查组应当委托具有国家规定资质的单位进行技术鉴定。必要时，事故调查组可以直接组织专家进行技术鉴定。技术鉴定所需时间不计入事故调查期限。

第二十八条　事故调查组成员在事故调查工作中应当诚信公正、恪尽职守，遵守事故调查组的纪律，保守事故调查的秘密。

未经事故调查组组长允许，事故调查组成员不得擅自发布有关事故的信息。

第二十九条　事故调查组应当自事故发生之日起60日内提交事故调查报告；特殊情况下，经负责事故调查的人民政府批准，提交事故调查报告的期限可以适当延长，但延长的期限最长不超过60日。

第三十条　事故调查报告应当包括下列内容：

（一）事故发生单位概况。

（二）事故发生经过和事故救援情况。

（三）事故造成的人员伤亡和直接经济损失。

（四）事故发生的原因和事故性质。

（五）事故责任的认定以及对事故责任者的处理建议。

（六）事故防范和整改措施。

事故调查报告应当附具有关证据材料。事故调查组成员应当在事故调查报告上签名。

第三十一条　事故调查报告报送负责事故调查的人民政府后，事故调查工作即告结束。事故调查的有关资料应当归档保存。

第四章 事故处理

第三十二条 重大事故、较大事故、一般事故，负责事故调查的人民政府应当自收到事故调查报告之日起 15 日内做出批复；特别重大事故，30 日内做出批复，特殊情况下，批复时间可以适当延长，但延长的时间最长不超过 30 日。

有关机关应当按照人民政府的批复，依照法律、行政法规规定的权限和程序，对事故发生单位和有关人员进行行政处罚，对负有事故责任的国家工作人员进行处分。

事故发生单位应当按照负责事故调查的人民政府的批复，对本单位负有事故责任的人员进行处理。

负有事故责任的人员涉嫌犯罪的，依法追究刑事责任。

第三十三条 事故发生单位应当认真吸取事故教训，落实防范和整改措施，防止事故再次发生。防范和整改措施的落实情况应当接受工会和职工的监督。

安全生产监督管理部门和负有安全生产监督管理职责的有关部门应当对事故发生单位落实防范和整改措施的情况进行监督检查。

第三十四条 事故处理的情况由负责事故调查的人民政府或者其授权的有关部门、机构向社会公布，依法应当保密的除外。

第五章 法律责任

第三十五条 事故发生单位主要负责人有下列行为之一的，处上一年年收入 40% 至 80% 的罚款；属于国家工作人员的，并依法给予处分；构成犯罪的，依法追究刑事责任：

（一）不立即组织事故抢救的。

（二）迟报或者漏报事故的。

（三）在事故调查处理期间擅离职守的。

第三十六条 事故发生单位及其有关人员有下列行为之一的，对事故发生单位处 100 万元以上 500 万元以下的罚款；对主要负责人、直接负责的主管人员和其他直接责任人员处上一年年收入 60% 至 100% 的罚款；属于国家工作人员的，并依法给予处分；构成违反治安管理行为的，由公安机关依法给予治安管理处罚；构成犯罪的，依法追究刑事责任：

（一）谎报或者瞒报事故的。

（二）伪造或者故意破坏事故现场的。

（三）转移、隐匿资金、财产，或者销毁有关证据、资料的。

（四）拒绝接受调查或者拒绝提供有关情况和资料的。

（五）在事故调查中作伪证或者指使他人作伪证的。

（六）事故发生后逃匿的。

第三十七条　事故发生单位对事故发生负有责任的，依照下列规定处以罚款：

（一）发生一般事故的，处10万元以上20万元以下的罚款。

（二）发生较大事故的，处20万元以上50万元以下的罚款。

（三）发生重大事故的，处50万元以上200万元以下的罚款。

（四）发生特别重大事故的，处200万元以上500万元以下的罚款。

第三十八条　事故发生单位主要负责人未依法履行安全生产管理职责，导致事故发生的，依照下列规定处以罚款；属于国家工作人员的，并依法给予处分；构成犯罪的，依法追究刑事责任：

（一）发生一般事故的，处上一年年收入30%的罚款。

（二）发生较大事故的，处上一年年收入40%的罚款。

（三）发生重大事故的，处上一年年收入60%的罚款。

（四）发生特别重大事故的，处上一年年收入80%的罚款。

第三十九条　有关地方人民政府、安全生产监督管理部门和负有安全生产监督管理职责的有关部门有下列行为之一的，对直接负责的主管人员和其他直接责任人员依法给予处分；构成犯罪的，依法追究刑事责任：

（一）不立即组织事故抢救的。

（二）迟报、漏报、谎报或者瞒报事故的。

（三）阻碍、干涉事故调查工作的。

（四）在事故调查中作伪证或者指使他人作伪证的。

第四十条　事故发生单位对事故发生负有责任的，由有关部门依法暂扣或者吊销其有关证照；对事故发生单位负有事故责任的有关人员，依法暂停或者撤销其与安全生产有关的执业资格、岗位证书；事故发生单位主要负责人受到刑事处罚或者撤职处分的，自刑罚执行完毕或者受处分之日起，5年内不得担任任何生产经营单位的主要负责人。

为发生事故的单位提供虚假证明的中介机构，由有关部门依法暂扣或者吊销其有关证照及其相关人员的执业资格；构成犯罪的，依法追究刑事责任。

第四十一条 参与事故调查的人员在事故调查中有下列行为之一的，依法给予处分；构成犯罪的，依法追究刑事责任：

（一）对事故调查工作不负责任，致使事故调查工作有重大疏漏的。

（二）包庇、袒护负有事故责任的人员或者借机打击报复的。

第四十二条 违反本条例规定，有关地方人民政府或者有关部门故意拖延或者拒绝落实经批复的对事故责任人的处理意见的，由监察机关对有关责任人员依法给予处分。

第四十三条 本条例规定的罚款的行政处罚，由安全生产监督管理部门决定。法律、行政法规对行政处罚的种类、幅度和决定机关另有规定的，依照其规定。

第六章 附则

第四十四条 没有造成人员伤亡，但是社会影响恶劣的事故，国务院或者有关地方人民政府认为需要调查处理的，依照本条例的有关规定执行。

国家机关、事业单位、人民团体发生的事故的报告和调查处理，参照本条例的规定执行。

第四十五条 特别重大事故以下等级事故的报告和调查处理，有关法律、行政法规或者国务院另有规定的，依照其规定。

第四十六条 本条例自 2007 年 6 月 1 日起施行。国务院 1989 年 3 月 29 日公布的《特别重大事故调查程序暂行规定》和 1991 年 2 月 22 日公布的《企业职工伤亡事故报告和处理规定》同时废止。

附录 E　特种设备目录

特种设备目录见表 E1。

表 E1　　特种设备目录

代码	种　类	类　别	品　种
1000	锅炉	锅炉，是指利用各种燃料、电或者其他能源，将所盛装的液体加热到一定的参数，并通过对外输出介质的形式提供热能的设备，其范围规定为设计正常水位容积大于或者等于 30L，且额定蒸汽压力大于或者等于 0.1MPa（表压）的承压蒸汽锅炉；出口水压大于或者等于 0.1MPa（表压），且额定功率大于或者等于 0.1MW 的承压热水锅炉；额定功率大于或者等于 0.1MW 的有机热载体锅炉	
1100		承压蒸汽锅炉	
1200		承压热水锅炉	
1300		有机热载体锅炉	
1310			有机热载体气相炉
1320			有机热载体液相炉
2000	压力容器	压力容器，是指盛装气体或者液体，承载一定压力的密闭设备，其范围规定为最高工作压力大于或者等于 0.1MPa（表压）的气体、液化气体和最高工作温度高于或者等于标准沸点的液体、容积大于或者等于 30L 且内直径（非圆形截面指截面内边界最大几何尺寸）大于或者等于 150mm 的固定式容器和移动式容器；盛装公称工作压力大于或者等于 0.2MPa（表压），且压力与容积的乘积大于或者等于 1.0MPa · L 的气体、液化气体和标准沸点等于或者低于 60℃液体的气瓶；氧舱	
2100		固定式压力容器	
2110			超高压容器
2130			第三类压力容器
2150			第二类压力容器

续表

代码	种 类	类 别	品 种
2170			第一类压力容器
2200		移动式压力容器	
2210			铁路罐车
2220			汽车罐车
2230			长管拖车
2240			罐式集装箱
2250			管束式集装箱
2300		气瓶	
2310			无缝气瓶
2320			焊接气瓶
23T0			特种气瓶（内装填料气瓶、纤维缠绕气瓶、低温绝热气瓶）
2400		氧舱	
2410			医用氧舱
2420			高气压舱
8000	压力管道	压力管道，是指利用一定的压力，用于输送气体或者液体的管状设备，其范围规定为最高工作压力大于或者等于0.1MPa（表压），介质为气体、液化气体、蒸汽或者可燃、易爆、有毒、有腐蚀性、最高工作温度高于或者等于标准沸点的液体，且公称直径大于或者等于50mm的管道。公称直径小于150mm，且其最高工作压力小于1.6MPa（表压）的输送无毒、不可燃、无腐蚀性气体的管道和设备本体所属管道除外。其中，石油天然气管道的安全监督管理还应按照《安全生产法》《石油天然气管道保护法》等法律法规实施	
8100		长输管道	
8110			输油管道
8120			输气管道
8200		公用管道	
8210			燃气管道
8220			热力管道

续表

代码	种　类	类　别	品　种
8300		工业管道	
8310			工艺管道
8320			动力管道
8330			制冷管道
7000	压力管道元件		
7100		压力管道管子	
7110			无缝钢管
7120			焊接钢管
7130			有色金属管
7140			球墨铸铁管
7150			复合管
71F0			非金属材料管
7200		压力管道管件	
7210			非焊接管件（无缝管件）
7220			焊接管件（有缝管件）
7230			锻制管件
7270			复合管件
72F0			非金属管件
7300		压力管道阀门	
7320			金属阀门
73F0			非金属阀门
73T0			特种阀门
7400		压力管道法兰	
7410			钢制锻造法兰
7420			非金属法兰
7500		补偿器	

续表

代码	种 类	类 别	品 种
7510			金属波纹膨胀节
7530			旋转补偿器
75F0			非金属膨胀节
7700		压力管道密封元件	
7710			金属密封元件
77F0			非金属密封元件
7T00		压力管道特种元件	
7T10			防腐管道元件
7TZ0			元件组合装置
3000	电梯	电梯，是指动力驱动，利用沿刚性导轨运行的箱体或者沿固定线路运行的梯级（踏步），进行升降或者平行运送人、货物的机电设备，包括载人（货）电梯、自动扶梯、自动人行道等。非公共场所安装且仅供单一家庭使用的电梯除外	
3100		曳引与强制驱动电梯	
3110			曳引驱动乘客电梯
3120			曳引驱动载货电梯
3130			强制驱动载货电梯
3200		液压驱动电梯	
3210			液压乘客电梯
3220			液压载货电梯
3300		自动扶梯与自动人行道	
3310			自动扶梯
3320			自动人行道
3400		其他类型电梯	
3410			防爆电梯
3420			消防员电梯

续表

代码	种 类	类 别	品 种
3430			杂物电梯
4000	起重机械	起重机械，是指用于垂直升降或者垂直升降并水平移动重物的机电设备，其范围规定为额定起重量大于或者等于0.5t的升降机；额定起重量大于或者等于3t（或额定起重力矩大于或者等于40t·m的塔式起重机，或生产率大于或者等于300t/h的装卸桥），且提升高度大于或者等于2m的起重机；层数大于或者等于2层的机械式停车设备	
4100		桥式起重机	
4110			通用桥式起重机
4130			防爆桥式起重机
4140			绝缘桥式起重机
4150			冶金桥式起重机
4170			电动单梁起重机
4190			电动葫芦桥式起重机
4200		门式起重机	
4210			通用门式起重机
4220			防爆门式起重机
4230			轨道式集装箱门式起重机
4240			轮胎式集装箱门式起重机
4250			岸边集装箱起重机
4260			造船门式起重机
4270			电动葫芦门式起重机
4280			装卸桥
4290			架桥机
4300		塔式起重机	
4310			普通塔式起重机
4320			电站塔式起重机
4400		流动式起重机	
4410			轮胎起重机
4420			履带起重机

续表

代码	种 类	类 别	品 种
4440			集装箱正面吊运起重机
4450			铁路起重机
4700		门座式起重机	
4710			门座起重机
4760			固定式起重机
4800		升降机	
4860			施工升降机
4870			简易升降机
4900		缆索式起重机	
4A00		桅杆式起重机	
4D00		机械式停车设备	
9000	客运索道	客运索道，是指动力驱动，利用柔性绳索牵引箱体等运载工具运送人员的机电设备，包括客运架空索道、客运缆车、客运拖牵索道等。非公用客运索道和专用于单位内部通勤的客运索道除外	
9100		客运架空索道	
9110			往复式客运架空索道
9120			循环式客运架空索道
9200		客运缆车	
9210			往复式客运缆车
9220			循环式客运缆车
9300		客运拖牵索道	
9310			低位客运拖牵索道
9320			高位客运拖牵索道
6000	大型游乐设施	大型游乐设施，是指用于经营目的，承载乘客游乐的设施，其范围规定为设计最大运行线速度大于或者等于 2m/s，或者运行高度距地面高于或者等于 2m 的载人大型游乐设施。用于体育运动、文艺演出和非经营活动的大型游乐设施除外	
6100		观览车类	
6200		滑行车类	
6300		架空游览车类	

续表

代码	种 类	类 别	品 种
6400		陀螺类	
6500		飞行塔类	
6600		转马类	
6700		自控飞机类	
6800		赛车类	
6900		小火车类	
6A00		碰碰车类	
6B00		滑道类	
6D00		水上游乐设施	
6D10			峡谷漂流系列
6D20			水滑梯系列
6D40			碰碰船系列
6E00		无动力游乐设施	
6E10			蹦极系列
6E40			滑索系列
6E50			空中飞人系列
6E60			系留式观光气球系列
5000	场（厂）内专用机动车辆	场（厂）内专用机动车辆，是指除道路交通、农用车辆以外仅在工厂厂区、旅游景区、游乐场所等特定区域使用的专用机动车辆	
5100		机动工业车辆	
5110			叉车
5200		非公路用旅游观光车辆	
F000	安全附件		
7310			安全阀
F220			爆破片装置
F230			紧急切断阀
F260			气瓶阀门